PERFECT
PET
OWNER'S
GUIDES

飼い方の基本から、コミュニケーション、栄養、健康管理と病気までわかる

ウサギ
完全飼育

著————大野瑞絵

医療監修————三輪恭嗣 日本エキゾチック動物病院センター長

写真————佐々木浩之

SEIBUNDO
SHINKOSHA

目次

はじめに

Chapter7　ウサギとの絆作り　157

Chapter8　ウサギの健康と病気　187

Chapter9　ウサギを見送る　233

Chapter10　人とウサギとの関わり　243

はじめに 生活を一緒に楽しみたい

今から 500 年ほど前、日本にウサギがやってきてから
ウサギは人との長い歴史を紡いできています。

かつては庭で飼われたり、ケージから出さないなど
人とウサギとの間には
物理的にも心理的にも距離がありました。

多くのウサギは警戒心が強く
人に心を開いてくれるまでには時間がかかります。
以前はこの「ハードル」を乗り越えることなく、
どこか距離感のある関係性だったのです。

ホーランドロップ
オパール
Holland Lop

しかし今、ウサギとの生活の形は変化しています。
人はウサギの心に寄り添おうとし
ウサギも人に対して心を許すようになってきました。
昔ならあまり見ることができなかっただろう
さまざまな感情表現を見せてくれるようにもなりました。
「飼っている」というよりも「一緒に暮らしている」
そんな家庭がどんどん増えています。

そんな関係性を築くために必要なことは
ウサギを理解しようとする気持ちです。
本書は、そんな気持ちをサポートし、
ともに幸せに生活するための本です。

RABBIT

ネザーランドドワーフ
フォーン
Netherland Dwarf

はじめに

見つけてほしい、
「わが家に合った方法」

人との暮らしを幸せに感じるウサギたちが
増えている一方では、
「ウサギって簡単に飼えるんでしょ?」 と
思われがちなところがあります。
そのために、迎えたあとで「あれ?」ということも
起きてしまいます。

例えばそれは「抱っこ」。
当たり前にできると思っていたら、抱っこできなかった。
そんなことが起こったりします。

ホーランドロップ
ブロークンクリーム
Holland Lop

RABBIT

Introduction

ウサギにとっては「捕まる」ことが恐怖なので、
多くのウサギは抱っこが好きではないのです。
あらかじめそのことさえ知っていれば
とまどわなくてもよかったはずです。

また、飼育方法にもいろいろな考え方があります。
ウサギの個性を見極めながら情報を探し、
取捨選択し、「わが家に合った方法」を探してください。
それは、ウサギとの生活の中での、
大変だけれどとても楽しいことのひとつでもあります。

本書では多くの飼い主の皆さんの協力のもと、
そのヒントとなる情報をたくさん載せています。
皆さんとウサギの幸せのために
きっとお役に立つことと願っています。

ネザーランドドワーフ
ライラックオター
Netherland Dwarf

009

PERFECT
PET
OWN

ホーランドロップ
オパール
Holland Lop

ネザーランドドワーフ
オレンジ
Netherland Dwarf

ホーランドロップ
ブロークントータス
Holland Lop

ネザーランドドワーフ
ブロークンオレンジ（ファジー）
Netherland Dwarf

ウサギを迎える決断の前に

ウサギを飼うのは簡単ですか？

この章で伝えたいこと

　ウサギはとてもかわいくて人気がある動物です。一般的には「飼いやすい」「抱っこしてかわいがることができる」という印象を持たれているのではないでしょうか。

　しかし実際には、ウサギはイメージとかなり異なる動物です。知識がないままに飼育を始めてしまったために手に負えなくなり、飼育放棄（適切な飼育管理をやめてしまうこと）や遺棄（屋外に捨ててしまうこと）、多頭飼育崩壊（世話ができないほどの飼育頭数を飼ったり、無秩序な繁殖によって異常に頭数が増えてしまい、飼育管理がまったく不可能になること）といった問題が起こることも少なくありません。

　こうしたことはウサギにとって不幸であるばかりか、命に対しての責任を全うできなかった飼い主にとっても不幸なことです。

　本来、ウサギは適切な知識をもち、適切な飼育管理と適度なコミュニケーションを取って飼育すれば、とても素晴らしい家族になれる存在なのです。

　そこでこの章ではまず、ウサギの飼育を決断するその前に、知っておくべきことをお伝えしたいと考えています。これからウサギを飼いたいという方には、これらを読んだうえで、飼育するかしないかの判断をしていただきたいと思います。ウサギを飼いたい、という知人がいたら、ぜひ伝えていただきたいと思います。

動物を飼ううえでの大原則
～終生飼養

　動物も人と同じ、命ある存在です。飼い主になったからといってその命を自由にしてよいわけではありません。命に対する敬意を持ってください。動物を迎えたら責任を持って終生飼養しましょう。「動物の愛護及び管理に関する法律（動物愛護管理法）」でも終生飼養が定められています。

　しかし、「法律に書いてあるから守る」という以前に、一度引き受けた命には責任を持たなければなりません。さまざまな事情でどうしても飼育が続けられないときは、次の飼い主を見つけて託すことまでが、その動物を飼い始めた方の責任です。

ウサギを飼う前に
知っておくべきこと

生活が変化することへの覚悟

どんな動物でも、家庭内に動物が加われば多かれ少なかれ変化が起こります。これまでと生活がまったく変わらず、「癒やし」だけが加わる、というわけにはいきません。

ウサギの行動時間は薄明薄暮性なので、早朝に騒がしいことがあります。きちんとケージ掃除をしても不快なにおいを感じることがあるでしょうし、部屋の掃除をしているのに換毛した抜け毛が落ちていたり、遊ばせた部屋に便が落ちていることもあります。

毎日ウサギの世話をしなくてはなりませんから、自分のために使える時間が少なくなるでしょう。夏場はエアコンをずっとつけていて電気代がかさみます。飼育関連費用がかかれば、自分のために使えるお金も少なくなるかもしれません。

そのうえ、その生活の変化は「命あるものが増える」ということによるものですから、なにより「飼い主としての責任」が加わることへの覚悟が必要です。

飼う環境が整っているかの確認

✳「ペット OK」の住宅ですか？

賃貸住宅では飼育許可が必須です。契約書に「飼育禁止」と書いてあってもウサギなら飼える場合もあれば、すべて禁止の場合もあるので必ず確認をしましょう。許可を取らずに飼っていると、強制退去や違約金の支払いが求められる場合もあります。なにより、ウサギの飼育を続けられないかもしれないという大きな問題と直面することになってしまいます。

✳家族は同意していますか？

同居する家族がいれば、必ず同意を得てください。「自分で世話をするから問題ない」と思っていても、どうしても世話をお願いしなくてはならないこともあるでしょう。ウサギが原因のアレルギーもあるので、ウサギを迎

ウサギは早朝にうるさいこともあります。

夏はエアコン必須。電気代がかさみます。

えたあとになって自分や家族にアレルギー症状が出るということもあります。

また、家族が同意している場合でも、「皆がおやつをあげて太らせてしまった」というのもよくあることです。家族全員のウサギという動物への理解も必要です。

一人暮らしで同意が必要な同居人がいない場合でも、何かあったときにサポートを頼める知人がいると安心です。

ウサギは長生きになりました。高齢の方がウサギを迎える場合には、子ども世代に託す、早めに里親を探すなど、世話ができなくなったときのことも考えておく必要があります。

❂アレルギーはありませんか？

ウサギの毛などが原因でアレルギー症状が出ることがあります。あらかじめ、アレルギー検査をしておくことをおすすめします。ウサギの主食である牧草のうちチモシー(オオアワガエリ)もアレルギーの原因物質としてよく知られています。

❂子ども任せにしないで飼えますか？

ウサギは小学校などで飼育されていたり、動物園の触れ合いコーナーにいたりすることから、子どもでも飼えると誤解されがちですが、そんなことはありません。

情操教育や責任感を身につけるためにウサギを迎えることもありますが、保護者が動物に愛情をかけ、責任を持って世話をする様子をまず示さなくてはならないでしょう。

子どもがウサギを抱こうとして落として骨折させるリスクがありますし、ウサギに噛まれる、引っ掻かれる、蹴られるなどしてケガをするリスクもあります。子どもの成長度合いにもよりますが、ウサギとの接触は大人の監督下で行うのがよいでしょう。

❂生活環境を整えられますか？

ウサギを遊ばせる室内も安全な場所にする必要があります。ウサギはものをかじるので、その対策が必要です。また、ウサギを飼育するなら夏場はエアコンが必須です。温度管理への対応ができるでしょうか。

ウサギにとってイヌやネコ、フェレットなどは捕食動物ですから、接することがないようにしなくてはなりません。姿が見えなくてもにおいだけでもストレスになることも。問題なく同居しているケースもありますが、どこの家庭でもうまくいくとは限りませんし、本来は「狩る」「狩られる」関係です。「ビーグル」など、ウサギ狩りに使われていたような犬種もあります。事故は起こり得ると考えましょう。

小鳥やハムスター、モルモットなどの小動物であっても、異なる種類の動物をわざわざ接触させるようなことは避けておいたほうが賢明です。

❊ウサギの長生きに対応できますか？

　ウサギの寿命は平均すると7歳ほどですが、10歳以上のウサギも多く、15歳を迎えるウサギも決して珍しい存在ではなくなっています。これはとても嬉しいことですが、飼い主のライフステージが変化（進学や就職、結婚や子育て、自身の高齢化など）する中で世話を続けていけるのか、ウサギの介護の問題などへの覚悟も必要となります。

❊経済面での負担への覚悟はありますか？

　飼育用品や消耗品、食べ物の費用以外にもお金がかかります。夏場は一日中、冷房をつけないと適切な温度が維持できないことは多く、光熱費が高額になります。健康診断や避妊去勢手術の費用のほか、病気の治療費が高額になる場合があります。ブラッシングや爪切りなどをウサギ専門店などに依頼するときや、ペットホテルなどを利用するときも、費用が発生します。

　ウサギが長生きになったということは、出費が何年にも渡って続くということです。こうした覚悟もあるでしょうか。

ウサギのことを理解する必要性

❊ウサギは警戒心が強い動物

　慣れるのに時間がかかる場合も少なくありません。すぐに飼い主との間に信頼関係が結べる場合もあれば、何ヵ月、個体によっては年単位でかかる場合もあります。忍耐強く、根気強く接してください。

　多くのウサギは抱っこされるのが苦手です。ただし、健康管理やケアのためにウサギの体を触ったり保持したりすることもあるため、トレーニングの必要はあります。

❊ウサギはストレスに弱い動物

　強いストレスにさらされると体調を崩したり、そのために起こる病気によって死亡することもあります。適切な飼育環境、飼育管理、コミュニケーションなどが大切です。体調不良にすみやかに気がつくよう、日々の健康管理も欠かすことができません。

　その一方で、ストレスにならないよう刺激のない暮らしをさせてしまうことが、ウサギにとっては退屈になることもあります。

❊個体差があることを理解する

　一匹一匹に個性があるのは人間と同じです。性格、慣れるまでの時間、飼い主とどの程度のコミュニケーションを望んでいるかなど、個体差はとても大きいものです。どんな個性を持つウサギを迎えたとしても、それを受け入れる心の準備が必要です。

　また、同じ個体でも成長期や高齢期などのライフステージによってコミュニケーションの取り方が変わることも知っておきましょう。

抱っこが嫌いなウサギは多いものです。

ウサギ飼育をとりまく現状

まだまだ少ない関連サービス

かつてに比べれば、ウサギ用の飼育用品やペットフードの種類は増えています。それでもウサギ飼育に関連するペットサービスはまだ少なく、イヌやネコを飼育するようなわけにはいきません。

ネットショップも含め、ペットショップはたくさんありますが、ウサギ専門店となるとまだ多くはありません。専門店やウサギに力を入れているペットショップが増えれば、用品やフードの選択肢も広がります。ホームセンターなどでもウサギ用のフードは売られてはいますが、主食の牧草となると、あまり多くの種類は扱っていないことも多いです。

ウサギも人と同じようにさまざまな病気になることがありますし、健康管理のためにも動物病院は欠くことができない関連施設です。

動物病院の数は年々増加していますが、ウサギの診察ができる動物病院が多いわけではありません。そのため、「診てもらえる動物病院を探す」という苦労をする場合もあります。動物病院との関連でいうとペット保険の種類もまだ多くはなく、選択肢が限られます。

旅行や出張などで数日間、家を留守にする場合には、ペットホテルという選択肢がありますが、ウサギを預けられるペットホテルは限られます(ウサギ専門店などに併設されていることが多い)。ペットシッターも同様で、ウサギの扱いに慣れているシッターとなると多くはありません。

このように、ウサギのためのペットサービスは決して多くはないため、「探す努力」が必要となることも、ウサギを迎える前に知っておきたいことのひとつです。

Enquête

ウサギアンケート **1** 動物病院を探すときにどんなことが大変だと思いましたか?

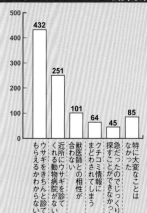

皆さんに動物病院探しの大変さをお聞きすると、グラフ以外では、夜間診療や休診日の病院探しが難しい、ウサギを診られるということだったが適切な治療が受けられなかった、といった声が多く、ほかにはこんな声もありました。

引越し前の獣医さんに紹介してもらった場所なので安心でした(ししゃもママさん) ／田舎なので運転できないと通院できません。仕事などの都合で時間内に通うのが難しいこともあります(ともこさん) ／軽度の症状のとき用と、重度の症状のとき用と病院をふたつ利用しています(もふもふさん) ／健康なときに爪切りや健康診断で行ってみて、ウサギへの対応などを確認しました(まーーさん) ／自分がどこまで要求するかを決めていなかったので(延命治療、安楽死について)、初めに主治医の方針を確認して、対応を決めておく必要があるとあとで思いました(ノロくうママさん) ／エキゾチックペットを診てもらえる病院は少ないので、お迎えをする前に、見つけておくべきでした(YUKIさん)

ウサギを迎える前に確認したいチェックリスト

- □「ウサギは飼いやすい動物」と誤解していませんか?
- □ 長生きするウサギも多いですが、最後まで愛情と責任を持ってウサギを飼い続けられますか?(どうしても飼い続けることが困難になった場合は、責任を持って新しい飼い主を探すことができますか?)
- □「5つの自由」(26ページ)をウサギに提供することができますか?
- □ ウサギの生活環境や時間の使い方などが変化する覚悟はできていますか?
- □ ウサギを飼育してもよい住まいですか?
- □ 家族は同意していますか?
- □ アレルギーはありませんか?
- □ 生活環境を整えられますか?
- □ 経済面での覚悟はありますか?
- □ ウサギの心理や特徴を理解できましたか?
- □ 情報収集を続ける努力ができそうですか?
- □ 繁殖制限措置の必要性を理解していますか?
- □ 関連サービスが少ないことを理解していますか?

ウサギとともに暮らす幸せ

飼う前に思う「ウサギの魅力」

ウサギを飼ったことがない場合とある場合とでは、魅力の見え方が大きく違っていると思われます。誰もが魅力と感じるのは、見た目のかわいらしさでしょう。特に、小型のウサギが多く飼われるようになってからは、大人になっても幼さが残る外見で「まるでぬいぐるみみたいにかわいい」と感じる方も多いでしょう。体の大きさ、被毛の長さや耳の形、毛色や柄などバリエーションが豊富です。お気に入りの子を探すのも楽しいことでしょう。

ペットショップや動物園などでウサギが見せてくれるさまざまなしぐさ、例えば、前足で顔や耳をグルーミングしたり、後ろ足で立ち上がる様子はかわいいものです。

こういった「外見」もたしかにウサギの魅力のひとつではあります。

ともに暮らしてわかる魅力

ただし、実際にウサギとともに暮らすことでわかるウサギの魅力はもっと奥深いものであり、それこそが真のウサギの魅力といえるのだろうと思います。

ウサギは、感情の変化がわかりにくい、無表情、などといわれることがあります。たしかにウサギは警戒心が強い動物ですから、まだ飼い主に慣れておらず、心を開いていないうちは感情を表に出さないでしょう。

しかし、本当はウサギは感情が豊かな動物です。飼い主とよい関係性が作られると、さまざまな喜怒哀楽を見せてくれます。

被捕食動物であり、警戒心が強いという特性はその反面、飼い主がウサギに対して向けている感情を理解できるということでもあるでしょう（自分に対して敵意を向けられているなら、逃げなければ命に関わります）。こちらの気持ちを理解し、ときには寄り添ってくれるのも嬉しいことです。

家庭で暮らすウサギの性格をひとことで表現するのは簡単ではありません。元気で活発なウサギもいれば、もの静かなウサギもいます。イヌのように飼い主のあとをついて回るウサギもいれば、ネコのようにマイペースを貫くウサギもいます。おおらかなウサギ、繊細なウサギ、従順なウサギ、頑固なウサギなど、個性もさまざまです。

ペットは「家族の一員」とよくいわれますが、まさに家族。欠くことのできないメンバーとして大きな存在感を放つのがウサギです。

ウサギとともに生きる喜び

ただ機械的に世話をしているだけでは、ウサギは心を開いてくれません。信頼関係ができるまでには時間がかかるのです。しかし、まったく異なる動物同士であるウサギと人との距離が少しずつ近づき、ウサギが警戒心を緩めてくれるのはとても嬉しいことです。

ウサギと会話はできないので、しぐさなどからその心理を読み取らなくてはなりません。ウサギにとって何が嬉しいのかを発見したり、ウサギが快適に暮らすための工夫を考えることも楽しさのひとつです。

ウサギは私たちの日々の生活を彩り豊かにし、癒やしてくれる存在です。そして懸命に生きることや命の重さも学ばせてくれます。

だからこそ私たちもまた、ウサギが日々を豊かな気持ちで暮らせるようにする必要がありますし、それを楽しみたいものです。

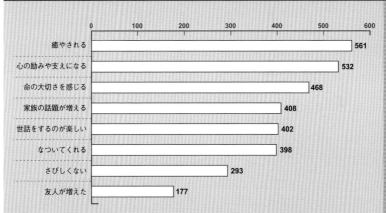

ウサギアンケート 2　ウサギを飼ってよかったことはどんなことですか？

項目	人数
癒やされる	561
心の励みや支えになる	532
命の大切さを感じる	468
家族の話題が増える	408
世話をするのが楽しい	402
なついてくれる	398
さびしくない	293
友人が増えた	177

皆さんにウサギとの生活の中で感じる「よかったこと」「幸せなこと」はどんなことかをお聞きすると、癒やされるという声が最も多くなりました。グラフに挙げたもの以外では、生きがいになった、知識や興味が広がった、かわいい、幸せにしてくれる、生活が規則正しくなった、がんばれる、といったことや、ほかにはこんな声もありました。

自分自身の笑顔が増えます（あーさんさん）／ウサギが病気になったとき、適切な治療を受けられるようにと、浪費家だったが貯金をしっかりできるようになりました（ほたてさん）／命の尊さや、最期は介護や看取りの大変さ、辛さも（いい意味で）教えてもらいました（かりんママさん）／ウサギとは思った以上に意思疎通ができることに驚きと幸せを感じています（ほげまめさん）／大切な子どもであり、友人、母、姉のような存在の宝物になりました（ぽんちゃんrabbitさん）／言葉以外のコミュニケーションがあることを体感できました。子どものときからこの感じを知っておきたかったなと思いました（あんよさん）／テトラは空気をよく察するため、家族内で喧嘩をすると足ダンで諌めてくれます。テトラについて話すことが多く、家族仲もよくなりました（テトラ専属なで係さん）

ウサギとの生活で大変なこと

「飼いやすい」という誤解

　ウサギには、「世話が簡単」というイメージがあります。家畜化されていて、かつては農家の副業として多くの家庭で飼われていたという経緯や、毎日散歩に連れていく必要がないこと、以前はウサギ小屋に入れて野菜くずなどを与えておけばよいという飼われ方をしていた時代があったこと、小学校では児童が世話をしていること、動物園などの触れ合いコーナーで容易に抱っこできるからおとなしい動物だと思われがちなことなど、さまざまな背景がそのイメージを生み出したのだろうと考えられます。

　そのイメージは正しいものではありません。

　家畜として人のために供されるウサギには

命の期限があります。最も効率的に利用できるタイミングがその期限です。しかし、私たちが家族として迎えるウサギはペット、「愛玩動物」というカテゴリーに属する動物です。家族のウサギには最初から決められた命の期限はありません。

　用品類やフードはたやすく入手できるので、ウサギは、「飼い始めやすい」動物ではあります。しかし、ウサギを心身ともにより健康な状態で飼育し、適切なコミュニケーションを取り、そしてできるかぎり長生きしてもらえるように飼育することは、簡単ではありません。

　よく「飼い始めやすい」理由として挙げられる「鳴かない」は、逆に気持ちを理解しづらいことでもあります。屋外での散歩をする必要はありませんが、運動は必要です。「一人暮らしでも飼える」ともいわれますが、自分が体調不良だったり忙しいときなどでも世話をしなくてはいけません。決して、飼いやすい動物ではないのです。

ウサギとの暮らしで起こり得るあれこれ

　飼い始める前に心の準備をしていても、ウサギと生活していく中で「困ったな」と感じるできごともあるものです。

　「ウサギはさびしいと死んじゃう」という有名な昔のドラマのセリフがあります。「さびしくて死ぬ」というのは不正確ですが、手を抜いた世話をしてウサギが体調を悪くしていることに気づかなければ死んでしまうこともあります。健康観察はとても大事ですが、常にジ

ロジロと見ているのもウサギにとっては不快です。また、よくコミュニケーションを取っていたのに急にかまわなくなるのもウサギにはストレスかもしれません。

食べ物の好みも、飼い主を悩ませることがあります。同じ種類の牧草でも、あるメーカーのものは食べるが他のメーカーのものは食べない、といったことがあって苦労することもあるかもしれません。

このように、ウサギとの生活では大変なことも少なからず起こります（飼い主の皆さんに

「大変なこと」をお聞きしたアンケート結果もご覧ください）。

そんなときに「大変だな、嫌だな」と思って世話が面倒になってしまうのではなく、「大変だけど、よい方法を考えてみよう」と前向きになれることが飼い主にとってもウサギにとってもよいことなのだろうと考えます。それができそうなら、きっとウサギとよい家族になれることと思います。努力したり、愛情をかけて世話をすれば、ウサギは信頼と愛情を返してくれるでしょう。

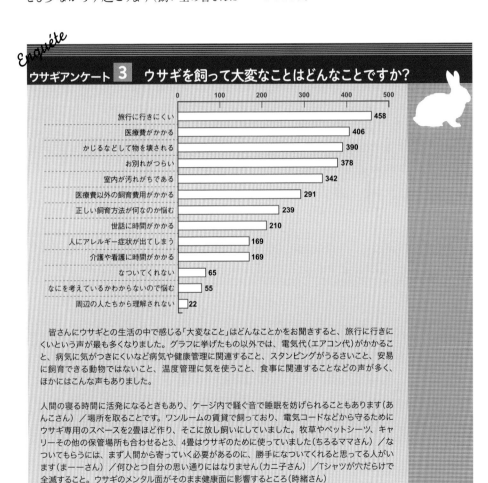

Enquête

ウサギアンケート **3**　ウサギを飼って大変なことはどんなことですか？

	0	100	200	300	400	500
旅行に行きにくい						458
医療費がかかる					406	
かじるなどして物を壊される					390	
お別れがつらい					378	
室内が汚れがちである				342		
医療費以外の飼育費用がかかる				291		
正しい飼育方法が何なのか悩む			239			
世話に時間がかかる			210			
人にアレルギー症状が出てしまう		169				
介護や看護に時間がかかる		169				
なついてくれない	65					
なにを考えているかわからないので悩む	55					
周辺の人たちから理解されない	22					

皆さんにウサギとの生活の中で感じる「大変なこと」はどんなことかをお聞きすると、旅行に行きにくいという声が最も多くなりました。グラフに挙げたもの以外では、電気代（エアコン代）がかかること、病気に気がつきにくいなど病気や健康管理に関連すること、スタンピングがうるさいこと、安易に飼育できる動物ではないこと、温度管理に気を使うこと、食事に関連することなどの声が多く、ほかにはこんな声もありました。

人間の寝る時間に活発になるときもあり、ケージ内で騒ぐ音で睡眠を妨げられることもあります（あんこさん）／場所を取ることです。ワンルームの賃貸で飼っており、電気コードなどから守るためにウサギ専用のスペースを2畳ほど作り、そこに放し飼いにしていました。牧草やペットシーツ、キャリーその他の保管場所も合わせると3、4畳はウサギのために使っていました（ちろるママさん）／なついてもらうには、まず人間から寄っていく必要があるのに、勝手になついてくれると思ってる人がいます（まーーさん）／何ひとつ自分の思い通りにはなりません（カニ子さん）／Tシャツが穴だらけで全滅すること。ウサギのメンタル面がそのまま健康面に影響するところ（時緒さん）

ウサギとの生活の全体像

必要な「もの」と「こと」

　ウサギを迎え、飼い続けるにはさまざまな「もの」が必要です。また、いろいろなできごとが起こります。「もの」と「こと」の全体像を見ておきましょう。

　「もの」ではウサギを購入する費用のほかに、初期費用としてケージや飼育用品などの購入費、ペレットや牧草などの購入費がかかります。必要に応じて空気清浄機など

も用意します。トイレ砂や食べ物などの消耗品は随時、買い足すことになりますし、破損したり汚れがひどくなったりした飼育用品は買い直します。

　「こと」としては毎日の世話のほか、動物病院への通院や、家を留守にするときの対応などさまざまなことがあるでしょう。季節対策では夏場や冬場のエアコン使用などで電気代が高額になることがよくあります。

「もの」の一例

ケージ

トイレ

トイレ砂

食器

給水ボトル

キャリーバッグ

マット

牧草

ペレット

ウサギアンケート **4** 1ヵ月の飼育費用はどのくらいですか?

皆さんに、平均すると1ヵ月にかかる飼育費用はざっとどのくらいかをお聞きしました(グラフ参照)。特に多くかかったものについて聞いてみると、こんな声がありました。

100%天然無着色のコルクマット(すべてコルク製のもの)。一部屋(6畳くらい)で約5万円ほどでした。部屋がフローリングなのでソアホック防止&万が一かじっても布のマットと比べると毛球症の心配が小さ

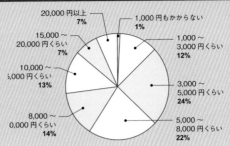

- 20,000 円以上 **7%**
- 15,000 ～ 20,000 円くらい **7%**
- 10,000 ～ 5,000 円くらい **13%**
- 8,000 ～ 0,000 円くらい **14%**
- 1,000 円もかからない **1%**
- 1,000 ～ 3,000 円くらい **12%**
- 3,000 ～ 5,000 円くらい **24%**
- 5,000 ～ 8,000 円くらい **22%**

いと思うので使用しています(ともこさん) ／エアコン買い換えが40万円でした(ナチュメルさん) ／脱走防止にわんにゃん用のサークルを買いました(ペット家具専門店キーヌスのもの)。カスタムして7万円強ですが、脱走しようという素振りも見せなくなったので良きです(こてつさん) ／片目の手術費用が約50万円でした(あかりさん) ／高齢で寝たきりになったときの通院治療費や各種サプリメントの合計で1ヵ月5万円前後×約3年間、ほかに床ずれ防止など介護用品各種(洗い替えも含む)の購入は約3万円程度だったと思います(mizuhoさん) ／治療費。先代のウサギさんは病弱な子だったので、12年間で150万円ほどかかりました(さやさん) ／腫瘍の手術および術後に生じたてんかん症状の治療に交通費含め30万円程度(渡邊由佳子さん) ／先代ウサギさんのターミナルケア(終末期医療)の床ずれ防止用品等の購入(洗い替えも含む)や環境整備の初期費用で3万円くらい、治療費・通院の高速代・酸素ハウスレンタル費で毎月7～8万円くらいかかっていました(うちゃびさん) ／転居の際の原状回復費が20万円くらい(すすぎさん) ／食欲不振で通院、治療、タクシー代が2、3週間で10万円近く(SALTさん) ／不注意で脱走し、大型テレビのケーブルをかじられた(はちさん)

「こと」の準備

- □ 受け入れ体制の準備(必要に応じてアレルギー検査など)
- □ 飼育に必要な用品類の購入やセッティング(置き場所を決める、あらかじめ迎える準備を整えておくなど)
- □ 毎日の飼育管理の段取り(これまでの生活にウサギの飼育管理を組み込む、家族で飼うなら担当を決めるなど)
- □ 動物病院での定期的な健康診断(年に一度、シニアになったら半年に一度など)
- □ 動物病院での診察、治療(少しでもおかしいと思ったら診察を受ける)

- □ 避妊去勢手術についての検討(無計画な繁殖を防ぐため、メスの子宮疾患予防のため、オスの問題行動予防のためなど)
- □ 夏の温度管理(エアコンが必須)
- □ 冬の温度管理(エアコン、ペットヒーターなどを利用)
- □ 留守番させるときの対策(ペットホテルに預ける、ペットシッターを頼むなど)
- □ 防災計画(避難用品の準備など)
- □ 看護や介護(病気になったり高齢になったときに)
- □ 継続的な情報収集(更新される飼育管理情報を得たうえで、そのウサギに合ったよりよい方法を取る)

5つの自由と5つの領域

ウサギが心身ともに健康でいてくれるために大切なのはどんなことでしょう。ひとつは愛情ですが、それだけではありません、動物福祉という視点ではどんなことが大切とされているのかを見てみましょう。

苦痛からの開放 〜 5つの自由

動物福祉とは、ただ動物をかわいがるだけではなく、彼らが心身ともに健康的な状態であるよう配慮することです。動物福祉の基本となっているのが「5つの自由」という考え方です。畜産分野で始まり、今ではペット分野も含めた国際的な基準となっています。

動物福祉の基本「5つの自由」

❶飢えと渇きからの自由〜適切な食事と飲み水が与えられているか？

❷不快からの自由〜適切で清潔な環境、快適な休息場所があり、安全か？

❸外傷や疾病からの自由〜病気を予防し、病気やケガがあれば治療されているか？

❹恐怖や不安からの自由〜恐怖や不安、大きなストレスがかかっていないか？

❺正常な行動を表現する自由〜正常な行動が取れるための十分な空間や環境があるか？

よりよい体験を 〜 5つの領域

近年、特に動物園などで提唱されている考え方が「5つの領域」です。「5つの自由」はもともと動物を苦痛から開放するためのものでしたが、「5つの領域」はそれを進化させ、5つの領域（身体的領域である栄養、環境、健康、行動と、それらによって変化する精神状態）において、動物によりよい体験を提供しようとするさいの基準となるものです。

栄養：十分な量で多様なメニューの適切な食事は正の（楽しい）経験で、食事制限、不十分で不適当な食事は負の（嫌な）経験です。

環境：自由に動ける空間、適切な温度、多様で変化のある環境などは正の経験で、不適切で不衛生な環境、休息ができない、温度が極端、騒音がひどいなどは負の経験です。

健康：病気やケガがなく体調が良好なことは正の経験で、病気やケガがある、肥満や痩せすぎ、体調不良などは負の経験です。

行動：採食や遊びなど多様な行動ができる環境は正の経験で、退屈で行動の制限がある環境などが負の経験です。

精神：満足感や安心、快適さ、活力などが正の経験で、飢えや渇き、不安、不快感、欲求不満、退屈などが負の経験となります。

目指すのは、できるだけ「正の経験」が増えるようにしながら、動物の精神的な状態がよりよいものになるようにすることです。

ウサギって
どんな動物?

ウサギの分類

ウサギ目のウサギたち

世界中に広がるウサギの仲間

　ウサギは哺乳類のうちウサギ目（兎形目）に分類され、ナキウサギ科（1属30種）、サルデーニャウサギ科（1属1種、すでに絶滅）、ウサギ科（11属61種）に分かれています（種数は資料によって異なる場合があります）。

　ウサギは世界中に広く分布し、北極圏や熱帯雨林、半砂漠、高山、草原、沼地などさまざまな生息環境に暮らしています。

　日本にはエゾナキウサギやアマミノクロウサギなど2科3属4種の野生のウサギが生息しています（詳しくは50〜51ページ）。

　ウサギの中には絶滅の危機に瀕している種もいます。IUCN（国際自然保護連合）のレッドリストでは、ウサギ科のブッシュマンウサギ

などが「深刻な危機」、ナキウサギ科のイリナキウサギなど、ウサギ科のアラゲウサギ、メキシコウサギ、アマミノクロウサギなどが「危機」と分類されているほか、「危急」「準絶滅危惧」などに分類されるウサギもいます（2023年現在）。

　また、ワシントン条約（CITES：絶滅のおそれのある野生動植物の種の国際取引に関する条約）では、アラゲウサギとメキシコウサギが附属書I（絶滅のおそれが高く、取引による影響を受けているか受ける可能性があり、取引を特に厳重に規制する必要のある種）に掲載されています（2023年現在）。

世界に広がったアナウサギ

　私たちがペットとして飼育しているウサギは、ウサギ科アナウサギ属のアナウサギ（ヨーロッパアナウサギ）を家畜化した、カイウサギ（イエウサギ）というウサギです。日本には室町時

ウサギ目の仲間たち

ウサギ目（兎形目）

- ナキウサギ科
  - ナキウサギ属
    - キタナキウサギ ── エゾナキウサギ（亜種）
    - イリナキウサギ
    - アメリカナキウサギ
- ウサギ科
  - ブッシュマンウサギ属 ── ブッシュマンウサギ
  - ノウサギ属
    - カンジキウサギ
    - ホッキョクウサギ
    - ニホンノウサギ
    - オグロジャックウサギ
    - ユキウサギ ── エゾユキウサギ（亜種）
  - アナウサギ属 ── アナウサギ ── カイウサギ（家畜化）
  - アマミノクロウサギ属 ── アマミノクロウサギ
  - メキシコウサギ属 ── メキシコウサギ
  - ワタオウサギ属
    - ヌマチウサギ
    - トウブワタオウサギ

『世界哺乳類標準和名目録』(2018)より抜粋

代に南蛮貿易によってもたらされました。

世界的にも人々の移動とともに生息域を広げ、今では世界のほとんどの場所に住み着いています。もともとの生息地ではない場所で野生化した外来種であるアナウサギは、生態系への影響が大きいことなどからIUCNが定めた「世界の侵略的外来種ワースト100」に選ばれています。

日本には野生のアナウサギは生息していませんが、島嶼部を中心に各地で野生化しており、日本生態学会が定めた「日本の侵略的外来種ワースト100」に選ばれています。環境省が定める「生態系被害防止外来種リスト」では、重点対策外来種となっています。

このように世界中にいるアナウサギですが、もともとの生息地であるイベリア半島では生息数が少なくなっており、IUCNのレッドリストでは「危機」に分類されているのです。

昔はネズミの仲間だったウサギ

ウサギとげっ歯目（ネズミの仲間）は共通の祖先を持ち、近縁だとされています。しかしウサギは古い時代にはげっ歯目だと考えられていました。

近代的な分類学を確立させたスウェーデンの博物学者カール・フォン・リンネによる分類では、げっ歯目のうちウサギの仲間は重歯亜目、ネズミの仲間は単歯亜目として、同じグループになっていましたが、1912年にウサギ目が独立したグループに分類されました。

ウサギとげっ歯目では伸び続ける歯のしくみが共通していますが、上顎の切歯がウサギでは二重に生えていること（そのためウサギ目を「重歯目」ということもある）などの違いがあります。

ノウサギの生活

ノウサギは一見、アナウサギと似た外見をしています。さまざまな環境に生息していることや授乳時間が短いといった共通点もありますが、体の作りや生活の仕方などに異なるところも多くあります。

ノウサギの体は、後ろ足が長く、種にもよりますが体の大きさに比較してより長い耳を持ちます。アナウサギ類よりも体は大きい傾向にあり、走る能力に優れ、捕食者から逃れるためには速く遠くまで走ることができます。

暮らし方は単独性で、地下に巣穴を作らず、地面の上に、フォームと呼ばれる簡単なくぼみを巣として利用します（時期によってトンネルを作る種もいる）。決まった巣を持つわけではなく、行動範囲も10〜300haと非常に広いです（300haは東京ドーム約64個分）。

また、ノウサギの赤ちゃんは生まれたときはすでに体は被毛で覆われ、目も開き、すぐに自分で動き回れるようになります（早成性）。

オグロジャックウサギ

アナウサギの野生での暮らし

生活形態

グループでの暮らし

　低い密度で樹木が生えている草原や低木林、また、捕食者から隠れられる場所が40％ほどある開けた場所を好みます。

　社会性を持ち、「ワーレン」と呼ばれる地下に掘られたトンネルシステムの巣穴に群れを作って暮らします。

　複数の個体がともに暮らすことで周囲に対する警戒の目（耳、鼻）も多くなります。

　2〜10匹ほどの大人と子どもたちで構成されるグループを作ります。このグループがいくつも集まって数100匹にもなる大集団を作ることもあります。

　生息密度は高く、1ha当たり200匹という記録があります。高密度だとグループでなわばりを守りますが、低密度だと少ないグループで生活し、近くのグループが一緒に食事をするようなこともあります。

　大人になるとオスはグループを離れたりしますが、メスはグループに残る傾向にあり、母系の血縁関係が強い傾向にあるとされます。グループが大きくなるほどメスの割合が多くなります。

　グループ内には序列があります。基本的にはメスが優位とされます。優位なオスは、なわばりを守り、メスと優先的に交尾します。メスは巣穴を掘り、巣穴や繁殖用の巣穴を守ります。優位の個体は劣位の個体ににおい付けをします。

　ただし、ウサギの社会組織は柔軟なもので、環境によってはグループは緩いつながりであるという観察もあります。

　巣穴の掘りやすい土壌の場所と、土壌が硬くて巣穴が掘りにくく、既存の巣穴を拡張する程度のことしかできない場所での観察記録では、メスは掘りやすい場所ではバラバラで暮らし、掘りにくい場所では群れを作るとする資料もあります。

スコットランドの
アナウサギ
（写真提供：村川荘兵衛）

巣穴

　地下に掘られるトンネルは、地下3m、長さが45mにもなるもので、トンネルの直径は15cmほど、トンネルに作られる巣穴は高さが30〜60cmほどです。

　トンネルの複雑さは環境によって異なり、森林のようなところだと単純なものに、開けたところだと複雑なものになります。オーストラリアでは、トンネルの入口が150個あり、トンネルの全長は517mもある大きなものが観察されています。

　敵に追われたときは、ノウサギのように遠くまで逃げるのではなく、地下のトンネルに逃げ込みます。

　トンネルが掘りにくいような環境下では、その場所に生えている植物の陰の窪地や、倒木の下のくぼみを利用することもあります。

活動時間と行動圏

　早朝と夕方に活発に活動する、薄明薄暮性です。

　ノウサギと比べると行動圏はとても狭く、0.5〜3haとされています（サッカーコートの面積がおよそ0.7haなので、行動圏が狭い場合はサッカーコートよりも狭く、広くても4倍ほど）。

繁殖

　ウサギは食物連鎖の下位に存在しており、多産です。年間15〜45匹生むというデータがあります。

　繁殖シーズンは日の長さと気温の影響を受けており、北半球だと特に春の受胎率が高いです。イギリスでは、1月下旬〜7月

地下に複雑なトンネルを掘って巣を作ります。

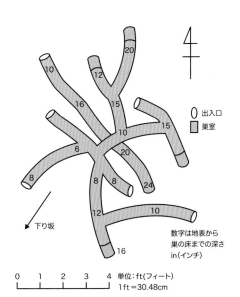

○ 出入口
■ 巣室

↙ 下り坂

数字は地表から巣の床までの深さ
in（インチ）

0　1　2　3　4　単位：ft（フィート）
1ft＝30.48cm

実験的な環境下で作られたトンネル
（『アナウサギの生活』R.M.ロックレイ［著］思索社［刊］より）

末までが繁殖シーズンで、4～5月に多くの子どもが誕生します。

発情しているメスに対してオスは周りを飛び跳ねたり、尾の白いところを見せたり、メスに尿をかけたりしてアピールします。

交尾に成功すると、出産と子育てはトンネルの中の巣穴で行われます。多くのメスウサギが新たに出産用の巣穴を作るという観察と、優位なメスはグループで共有している巣穴を使い、劣位のメスは離れたところにある巣穴を使うという観察もあります。

30日ほどの妊娠期間を経て、毛がまだ生えておらず目も開いていない未成熟の子どもを生みます(晩成性)。

アナウサギとノウサギに共通する特徴として、授乳時間はとても短く5分程度、1日に1回ほどしか行いません。授乳するとき以外は、母ウサギは巣から離れます。アナウサギの場合には、巣穴に土で蓋をして、捕食者に見つかりにくくします(ウサギの繁殖生理については180～186ページもご覧ください)。

行動や習性

におい付け行動

下顎にある臭腺を枝などにこすり付けたり、糞尿をしたりすることなどでなわばりを示します。優位なオスは劣位の個体に尿をスプレーしてにおいを付けることもあります。

スタンピング

後ろ足で地面を叩く行動をスタンピングといいます。英語ではサンピング(thumping:ドン

と打つという意味)ともいいます。

グループのほかのメンバーに対して振動で危険が迫っていることなどの警告、なわばりに侵入しようとするほかのグループのウサギへの警告(もしそのウサギが去らないと戦いになる)、また、捕食者に対して、自分は捕食者の存在に気がついているのだと知らせることで襲われることを抑止している可能性もあるとされています。

尾を目立たせる

尾は、表側(背中側)は体と同じ茶色で、裏側(腹側)は白くなっています。尾を体に沿わせるように立てているときには、裏側の白い部分が見えて目立ちます。

捕食者がその個体の目立つ白い尾を見て追いかけることで、ほかの個体を助けることになる、危険が迫っているときに他のウサギに対して白い尾を振って警告の情報を伝える、繁殖時のアピールに使うことなどが知られています。

近年では、捕食者が白い尾を注視しているときにウサギが急に方向転換すると、見失ってしまい、また見つかるまでに時間が稼げ、逃げるチャンスができるともいわれます。

カイウサギの体の特徴

耳

ウサギは優れた聴覚を持っています。中でも高周波の音を聴く能力に長け、360〜4万2,000Hzの音を聞くことができます（人間は20〜2万Hz）。高周波の音を最大約3km離れて検知できるという資料もあります。

音を集める集音器の役割もあります。耳の付け根の筋肉が発達していて、左右別々にそれぞれ270度まで回転させることができるため、音源がどこかを探ることができるのです。

また、多くの血管が耳介の皮膚の表面近くにあり、暑いときには血管が拡張して血液が冷やされ、それが全身をめぐって体熱を下げます。寒いときには血管が収縮して体熱の放散を防ぎ、体温調節を行います。

耳が垂れた品種は、聴覚がよくないともいわれています。

目

ウサギの目は顔のほぼ側面に、やや突出して付いているため、視野がとても広く、真後ろと鼻先を除いてほぼ360度近くを見ることができます（耳が垂れた品種では、後方は見えにくいようです）。

ただし、両眼視（立体視）できる範囲は狭く10〜35度ほど（人では120度ほど）、左右それぞれの目の視野は190度ほどです。

視力という意味ではさほどよくありませんが、水平方向を見ることや、遠くで動くものにすぐに気がつく能力に優れています。

早朝や夕方に活動するウサギは光に対する感度が高く（人の8倍）、薄暗いところでもものを見ることができます。

色覚は、青と緑に感受性が高く、赤と黄色には感受性が低い2色型といわれます。

また、ウサギは目を開けて眠ることがありま

立ち耳

垂れ耳

横から見ると目を正面から確認できる。

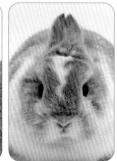
目は顔の側面についている。

す。寝ていても光受容体が働いていて、捕食者が近づいたことにいち早く気がついて逃げ出せます。起きていると思わせることで捕食者から襲われることを防ぐ効果もあります。

まばたきはとても少なく、5～6分に1回とも1時間に2～4回ともいわれます。長い時間目を開けていられるのは、目を開けていても第三眼瞼(瞬膜)が目を保護しているからとされます。第三眼瞼は普段は見えませんが、睡眠中には角膜全体を覆ったり、涙液を目の表面に行き渡らせる役割があります。

ウサギは涙に脂質を提供するハーダー腺が発達していて目の表面を潤わせていることも、まばたきが少なくても目が乾かない理由のひとつです。

鼻

ウサギの嗅覚はとても優れており、においを感じる細胞(嗅神経細胞)は5億個あります(人では500万個)。食べ物のにおいを嗅ぎ分ける、捕食者の接近を知る、発情しているメスを見つける、なわばりの主張やほかのグループのなわばりを知るなどのために重要です。

鼻での呼吸にも体温調節の役割があります。暑いときには体熱を放散し、寒いときには鼻腔の粘液が乾燥した冷たい空気に湿り気を与えます。

寝ているときやリラックスしているとき、逆に体調のよくないときにはウサギの鼻の穴は閉じています。緊張していたり警戒していたりするときはピクピクとよく動きます(1分間に約150回)。

口

ウサギの口は、あまり大きく開きません(最大20～25度、ネコ科動物で65～70度)。

舌はよく動き、咀嚼しやすいように食べ物を口の中で移動させます。頭蓋骨の大きさに対して舌は大きく、舌の後部にははっきりとした隆起があります。この隆起は上顎との間で食べ物をすりつぶすのに役立ちます。

舌には味を感じる器官である味蕾が約1万7,000個あり(人では約9,000個)、とても多くの味を識別することができます。

また、ウサギは声帯が未発達なため、イヌやネコのような鳴き声は発しません。

歯

ウサギには、6本の切歯(前歯)、10本の前臼歯、12本の後臼歯、合わせて28本の歯があります。一見、切歯は上下2本ずつしか見えませんが、上顎切歯の裏側に小さな切歯が2本あります(小切歯、くさび状切歯、第二切歯などと呼ばれる)。犬歯はなく、切歯と臼歯の間には隙間があります。

ウサギのすべての歯は生涯にわたって伸び続けます。歯の根元で常に歯を形成する細胞が分化し、組織が作られているためです。ただし、ものを食べることなどでこすり合い、削られ続けるので、長さは適切に維持されます。伸びる速度は、上顎切歯が1週間に約2mm、下顎切歯が2.4mmです。

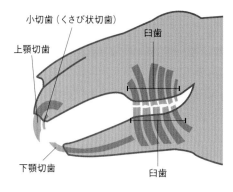

小切歯（くさび状切歯）

上顎切歯

臼歯

下顎切歯

臼歯

ウサギの歯は歯根が長いことも特徴。

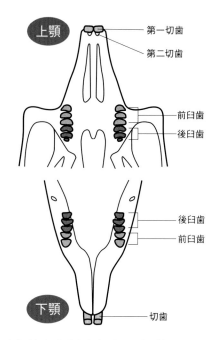

上顎

第一切歯

第二切歯

前臼歯

後臼歯

後臼歯

前臼歯

下顎

切歯

犬歯はなく、切歯と臼歯の間は間隔がある。

ひげ

　ひげは感覚器官のひとつです（触毛）。その根元には神経の末端があり、ひげが感じ取った感覚を脳に伝えています。ほおひげのほか、口元から鼻にかけて、目の上にもあります。

　地下のトンネルなど狭いところを通るときにひげに触れる感覚で状況を判断します。また、ウサギは自分の口元をよく見ることができませんが、においと、口唇の触毛での感覚から食べ物の種類などを確認しています。

四肢

　前肢は短く、穴掘りに適しています。後肢は筋肉がよく発達し、瞬発力に優れています。

　足の裏側に犬や猫のような肉球はなく、被毛が厚く生えて、硬い地面でもクッションの役割になっています

　指の本数は前足が5本、後ろ足が4本です。爪は穴掘りに適した鉤爪です。

前足の裏

後ろ足の裏

立てている尾

垂らしている尾

尾

ウサギの尾は長さが4.5〜7.5cmほどあり（品種による）、へら状の形をしています。尾を背中に沿わせていると、裏側の白い部分が目立ちます。リラックスしているときには尾は垂れています。

肉垂（にくすい）

肉垂は、顎の下にできる二重顎のようにも見える皮膚のひだのことです。妊娠したメスや偽妊娠したメスが巣材として使うため、肉垂あたりの被毛を引き抜きます。

避妊手術をしていないメスで目立つようになりますが、若いうちに避妊手術をしていないと発達することもあります。大型品種や垂れ耳の品種で大きくなる傾向にあり、オスでも肥満によってできることもあります。

被毛

被毛には短くて柔らかいアンダーコート（下毛）と、長いオーバーコート（上毛）があります。

換毛期は年に4回ありますが、通常、春と秋の換毛期が目立ちます。ただし環境によっては明確な換毛の時期がなく、一年を通じてだらだらと換毛が続くこともあります。

臭腺

ウサギには、下顎腺、鼠径腺、肛門腺という3つの臭腺があります。顎の下にある下顎腺では、自分のなわばりを主張するためや、劣位の個体に対しても、こすり付けてマーキングします。鼠径腺は会陰部に一対あります。

オスとメスではオスが、優位と劣位では優位の個体がよくにおい付けをします。優位な個体が下顎腺から出す分泌物のにおいは持続しやすいとされます。

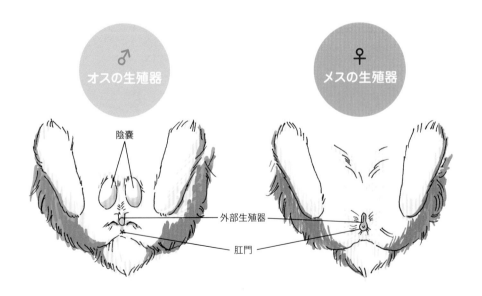

♂ オスの生殖器　　♀ メスの生殖器

陰嚢

外部生殖器

肛門

乳頭

ウサギには左右に4対、全部で8個の乳頭があります。多いものでは6対ある場合もあります。目立ちませんが、オスにもあります。

外部生殖器

* オスの外部生殖器：陰茎は円筒状で、丸い開口部があります。生後10～12週で精巣が下りてきて、陰嚢が目立つようになります。多くの哺乳類と異なり、ウサギの陰嚢は陰茎よりも前方(頭側)にあります。
* メスの外部生殖器：外陰部は、縦にスリット状の裂け目があります。

  膣の途中に尿道がつながっていて、尿道口と膣口はひとつになっています。子宮は重複子宮で、独立した子宮が左右にあって、それぞれが膣に開口しています。
* オスとメスの見分け方：外部生殖器と肛門の距離が近いのがメス、離れているのがオスです。

骨格と筋肉の特徴

ウサギの筋肉は非常に強靭で、骨格筋(骨格を動かす筋肉)の重量が体重の50%を占めています。一方で骨の表面を構成する骨皮質が薄く、骨格はかなり軽くて、体重当たりの比率は7～8%にすぎません(ネコは12～13%)。

消化管の特徴

ウサギは大きな腹腔(消化器官や泌尿生殖器などがある)と、狭い胸腔(心臓や肺などがある)を持ちます。中でも消化管は草食動物であるウサギの大きな特徴です。動物には植物を分解する消化酵素がありませんが、ウサギは、消化管の働きによって植物から栄養を摂取することができるのです。

胃は大きく、食べたものの貯蔵器官の役割を持ち、消化管内に入ったもののうち15%が貯蔵され、24時間食べなかったときでも、食べ物、飲み込んだ抜け毛や水分などが溜まっています。また、噴門(胃の入り口)と幽門(胃の出口)がよく発達し、胃の形が深い袋状になっていることや噴門が狭いことから、嘔吐ができません。

食べたものが大腸に移動するときの盲腸と結腸の働きによって、粗い繊維質は丸い形の硬便となり、排泄されます。ごく細かい粒子は盲腸に送り込まれます。

ウサギの盲腸はとても大きならせん状をした器官で、長さは30～40cmあり、消化管全体の約40%の容量があります。

盲腸では腸内細菌の働きによって植物の細胞壁が分解され、発酵が行われて、タンパク質やビタミン(B群、K)が作られ、栄養豊富な「盲腸便」になります。ウサギは肛門に口を付けて盲腸便を食べ、消化管内でその栄養を再摂取します。(硬便と盲腸便については196ページも参照)

骨格図

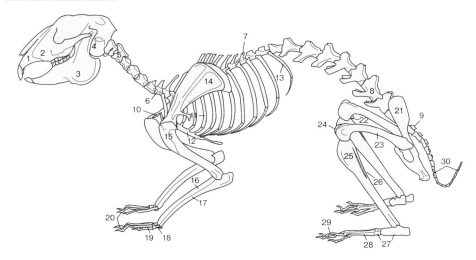

1. 切歯骨　2. 上顎骨　3. 下顎骨　4. 頭頂骨　5. 第2頚椎　6. 第7頚椎　7. 第10胸椎　8. 第6腰椎　9. 仙骨　10. 鎖骨　11. 第5肋骨　12. 胸骨　13. 第13肋骨　14. 肩甲骨　15. 上腕骨　16. 橈骨　17. 尺骨　18. 手根骨　19. 中手骨　20. 指骨　21. 股関節（腸骨）　22. 腓腹筋の種子骨　23. 大腿骨　24. 膝蓋骨　25. 脛骨　26. 腓骨　27. 足根骨　28. 中足骨　29. 肢骨　30. 尾椎

内臓図

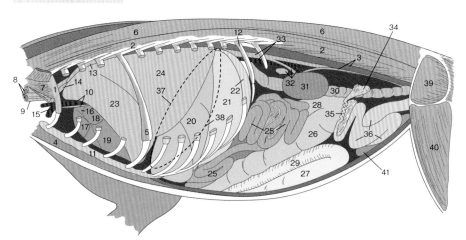

1. 第1肋骨　2. 胸部腸肋筋・腰腸肋筋　3. 大腰筋・尿管　4. 胸筋　5. 第5肋骨　6. 胸筋・腰筋　7. 中斜角筋　8. 気管・食道　9. 迷走神経・総頚動脈　10. 大静脈・横隔神経　11. 胸骨　12. 第12肋骨　13. 胸部大動脈　14. 鎖骨下動脈　15. 鎖骨下静脈　16. 肺動脈幹　17. 18. 心耳　19. 左の心室　20. 肝臓　21. 胃　22. 脾臓　23. 24. 肺　25. 空腸　26. 27. 28. 盲腸　29. 近位結腸　30. 下行結腸　31. 腎臓　32. 副腎・腎動脈および静脈　33. 腹大動脈・尾部大静脈　34. 卵巣・卵管漏斗　35. 卵管　36. 子宮角　37. 38. 横隔膜　39. 中臀筋　40. 大腿筋膜張筋　41. 膀胱

ウサギの品種とその特徴

「品種」とは

同じ種のなかで、外見や特性などで他の集団と区別できる特徴を持ち、遺伝的な特徴を次の世代に残すことのできる集団を品種といいます。

イヌでいえば、「チワワ」も「セント・バーナード」も同じイヌという種を品種改良して作られた犬種です。また、「ネザーランドドワーフ」も、「フレミッシュジャイアント」も、どちらも同じカイウサギですが、品種が異なります。

ウサギの品種

ウサギが人に飼われるようになった最初の頃の目的は食用でしたが、毛や毛皮を取るため、実験に用いるためなどにも利用されるようになり、体の大きな品種、被毛に特徴のある品種などが作られていくようになります。愛玩用として小型の品種も作られました。

品種改良は19世紀からオランダなどで進みました。世界中には多くのウサギの品種があり、150以上とも300以上ともいわれます。「ヒマラヤン」が世界最古の品種とされています。「イングリッシュアンゴラ」なども古い品種として知られます。

日本国内でも多くのウサギの品種を見ることができます。家畜としては、「日本白色種」がよく知られています。秋田県で生産されている通称ジャンボウサギは「日本白色種秋田改良種」という品種で、体重が10kg以上にもなります。「ニュージーランドホワイト」は実験動物として知られている品種です。

ペット品種として日本でよく知られているのは、アメリカにある世界最大のブリーダー団体ARBA（American Rabbit Breeders Association）が認定している品種（2023年現在、51品種）で、総称してアメリカンラビットと呼ばれることもあります。

中でも「ネザーランドドワーフ」などは、日本にアメリカンラビットを扱うウサギ専門店が見られるようになった1990年代以降、人気となり大きく広がりました。

ウサギは品種ごとに、大きさ、毛の長さ、耳のつき方など外見上さまざまな特徴を持ちます。そのため、それに応じた飼育管理や、健康上の留意点もあります。

性格については、品種ごとの傾向はあるといわれますが、人と同じように個人差・個体差があります。「ある品種のすべてのウサギは○○という性格である」と断定することは難しいでしょう。

ネザーランドドワーフ

純血種の中でとても人気の高い品種のひとつが「ネザーランドドワーフ」です。

とても小柄なウサギです。丸くて大きい頭部に短い立ち耳を持ち、大人になっても子どものような外見が魅力です。

なお、「ネザーランドドワーフ」の両親から生まれていても、丸顔ではない、耳が長いなど、「ネザーランドドワーフ」としての特徴を持たない個体もいます（186ページ参照）。

体重は、ARBAのスタンダード（品種標準）では1.3kg未満、理想体重980gです。ただし、この数値はあくまでもラビットショーでの基準です。体格とバランスの取れた体重であることが重要なので、この体重を超えているからといって痩せさせようとするようなことがないようにしてください。

一般的にいわれる性格としては、臆病な傾向があるとされます。小柄なせいであるとか、比較的新しい時代に野生種と交配しているからではないかという説もあります。しかし慣れてくると人懐っこい様子を見せてくれるようになる個体も多いでしょう。やんちゃですばしこく、活発なウサギです。

原産国はオランダです。ダッチ種の突然変異である「ポーリッシュ」が小型野生種と偶然に交配してできたといわれています。1900年代初頭に初めて飼育されたともされています。1948年頃にイギリスに、1965年にアメリカに持ち込まれたといわれ、1969年にARBAに登録されました。

オレンジ

ブロークンブラックシルバーマーチン

チンチラ

ヒマラヤン

ブロークンオレンジ

ライラックシルバー
マーチン

サイアミーズスモークオパール

ブルーアイドホワイト

セーブルマーチン

Enquête

ウサギアンケート **5** あなたのネザーランドドワーフはどんな個性の持ち主ですか？

　やんちゃ、神経質、などといわれることの多いネザーランドドワーフ。ネザーランドド
ワーフの飼い主さんに、その子はどんな個性の持ち主かをお聞きしました。また、あわせ
て体重についてお聞きしたところ、1.1〜1.3kgというご回答が多くなりました（回答数19
名）。

- 超絶マイペース、年々我が強くなってきました。意思表示がすごいです。（モカのかあ
  ちゃんさん）
- 怖がり、神経質な性格です。窓の外で誰かがくしゃみしてもびっくり、家族が部屋に出
  入りする音にもびっくり。けっこう神経使って生きてるように思います。（おくいさん）
- 飼い主以外にはほとんど近づかない人見知りです。初対面の人の前で
  は足ダン連発です。（いくらさん）
- リーダー気質、自己中心的、好奇心旺盛、陽気な性格でありつつ、神
  経質、臆病、頑固な一面もあります。飼い主がすることをよく見ていて、
  「ここにゴロンして」といいながら人差し指で床をトントンとしていたら、
  いつの頃からかウサギのほうが「ここにゴロンするからなでて」といって床
  を前足でチョイチョイするようになりました。また、へやんぽ中に飼い主
  がテリトリーから出ることは許されません。戻ってくるまで耳を立てて警
  戒していて、戻ってくると小躍りで迎えてくれます。（ほげまめさん）
- 何にでも興味深々、やんちゃ、チャレンジ精神旺盛です。（まろこけし
  さん）
- ビビりなくせに気が強いです。（まきぐもさん）

フォーン

ホーランドロップ

「ネザーランドドワーフ」と人気を二分するのが「ホーランドロップ」です。

垂れ耳のウサギの中では最も小型です。大きなしもぶくれの丸顔に、スプーンのような形と称される幅のある垂れ耳を持ちます。がっしりとした体格と、太くて短い前足で、「子犬のよう」といわれることもあります。頭頂部から後頭部にかけてクラウンと呼ばれる毛の盛り上がりがあります。

体重は、ARBAのスタンダード（品種標準）では1.8kg未満です。

一般的にいわれる性格としては、人懐っこくて愛嬌があるとされます。活発で好奇心に満ちている、食欲旺盛ともいわれます。特にオスは社交的とされます。

原産国はオランダです。小型の垂れ耳ウサギを作るために、「ネザーランドドワーフ」、「フレンチロップ」、「イングリッシュロップ」などをかけあわせ、10年以上かけて作られました。1970年年代半ばにアメリカに持ち込まれ、1980年にARBAに登録されました（「チャーリー」と呼ばれる柄では遺伝性疾患が知られています。186ページ参照）。

=== 垂れ耳について ===

最も古いとされる垂れ耳の品種は「イングリッシュロップ」で、その期限は不明ですが、垂れ耳のウサギは暑い地域（アフリカとも）で生まれたといわれています。体熱放散のために常に耳に血液が集まって耳が下がったとする資料もあります。

トライカラー

オパール

オレンジ

ポインテッドホワイト

ブロークントータス

ブルーポイント

ブロークンオパール

ブルートータス

ハレクイン

Enquête

ウサギアンケート 6　あなたのホーランドロップはどんな個性の持ち主ですか?

　おっとりしている、温厚、などといわれることの多いホーランドロップ。ホーランドロップの飼い主さんに、その子はどんな個性の持ち主かをお聞きしました。また、あわせて体重についてお聞きしたところ、1.4kgほどが多く、1.0〜3.0kgと幅がありました（回答数18名）。

- 感情の起伏がはっきりしていました。普段はとてもおっとりしていてのんびり屋、行動もゆっくりですが、怒ったときの足ダンなどの意思表示は激しかったです。好き嫌いはあまりなく、あまり好きではないものでも、もらったら食べてみるような柔軟なところがありました。周囲の状況にあまり左右されず、自由気ままで懐が深い子でした。（あーさんさん）
- 女の子だからかもしれませんが……気が強い。わが道を行く。おっとりとか温厚なんて微塵も感じません。（ごえもんさん）
- 我が強い、気が強い、天然、わがまま、食いしん坊、鈍臭い、寂しがり屋、甘えん坊、頭がいい。（ましろさん）
- 性格は割と繊細でしたが、子どもにつかまれても動揺しないところもありました。（まさむねの下僕さん）
- ただひとりにのみ甘え、その人以外には冷たい。マイペースです。（まりこさん）
- 気が強い、あまりベタベタしないです。（ぶんてうさん）
- 甘えん坊で好奇心旺盛、物おじしない性格です。人間が大好き。（茶うさ番長さん）

ブロークンブルートータス

そのほかの品種

フレミッシュジャイアント

フォーン

　体重10kgになるものもいるほどの大きな体が特徴。最大サイズの品種のひとつです。長くがっしりとした体つきで、耳もしっかりしています。肩の後ろから始まる背中のアーチは尾の付け根まで続いて半アーチ型を描き、「マンドリン」形と称されます。体重は、ARBAのスタンダード（品種標準）ではオス5.9kg以上、メス6.35kg以上です。性格は従順でおだやか。ベルギーのフランドル地方が原産で、もともとは肉用や毛皮用として大型のウサギを交配して作られました。初めて記録に登場するのは1860年代のことです。

ラビットショー

　ラビットショーは、純血種のウサギが品種それぞれのスタンダードにどれだけ近いかを審査する品評会です。ARBAが主催するラビットショーではARBA公認品種を対象に、ARBAが定めるスタンダードに沿って審査員が審査を行います。

　品種ごと、毛色や毛色のグループごと、シニアとジュニア、オスとメスなど細かくカテゴリー分けをして審査され、勝ち残っていく形で、各カラーの1位や各品種の1位、大きなラビットショーではそのショーでの1位のウサギが選ばれ、表彰されます。

　ラビットショーは日本でも開催されることがあります。興味がある方はウサギ専門店などに問い合わせてみてもいいでしょう。

ダッチ

ウサギといえばこの柄を思い浮かべる方も多いでしょう。顔のマーキングはハチワレ模様で、腰からお尻にかけても色があり、ほかは白というツートンカラーになっています。昔から日本にいる「パンダウサギ」はダッチ系の雑種です。ラビットショーではマーキングに対する得点が高く、細かな基準が定められています。体重は、ARBAのスタンダードでは1.59～2.49kg（理想体重2.04kg）です。穏やかでとても人懐っこく、世界で最も古い品種のひとつといわれます。1830年代にイギリスで作出されました。

トータス

ブラック

ラビットショーでの
審査の様子

ミニレッキス

うっとりするような手触りで、ビロードのようと称される密な被毛を持っています。ほおひげが少なかったり、縮れているという特徴があります。体重は、ARBAのスタンダードではオス1.36〜1.93kg（理想体重1.81kg）、メス1.47〜2.04kg（理想体重1.93kg）。なお、「レッキス」は3〜4kgほどです。穏やかで好奇心旺盛なことが知られています。「ドワーフレッキス」と「レッキス」からアメリカで作出されました。

トライカラー

ブロークンブラックオター

ヒマラヤン

　耳と鼻、手足と尾にあるマーキングが特徴的です。円筒状の体つきで、唯一、体を伸ばしたショーポーズ（ラビットショーで審査を受けるときのポーズ）をとります。体重は、ARBAのスタンダードでは1.13〜2.04kg（理想体重1.6kg）です。穏やかで愛情深いといわれます。世界で最も古い品種のひとつといわれ、その起源は古代の中国、チベッ

ト、ロシアなどにまで遡るともいわれています。名前にあるヒマラヤとの関わりはないと考えられています。

ブルー

ウサギアンケート 7
飼ってみたい品種

Enquête

　皆さんに、「（現実的に飼えるかどうかは別にして）飼ってみたい品種があれば教えてください」とお聞きしました。最も多かったのが「フレミッシュジャイアント」で、ほかにも「チェッカードジャイアント」や「イングリッシュロップ」、「カリフォルニアン」、「コンチネンタルジャイアント」（イギリスの団体BRCの公認種）といった中型〜大型種の名前も挙がり、「大きいウサギ」へのあこがれが見てとれます。2位は「ホーランドロップ」で、以下5位までは「ネザーランドドワーフ」、「ミニレッキス」、ロップイヤー系、「フレンチロップ」で、垂れ耳ウサギにも人気が集まりました。

まだまだたくさん！
品種の世界を見てみよう

　体の大きさ、被毛の長さや毛色など、ウサギにはバラエティに富んだ品種がたくさんあります。ARBA公認種の特徴や毛色をたっぷり紹介しているこの書籍。さまざまな表情のウサギたちをぜひご覧ください。

『うさぎの品種大図鑑 第3版』
町田修（うさぎのしっぽ）[著]
誠文堂新光社 [刊]

ミニウサギ

ミニウサギは、複数の品種の交配で生まれたいわゆる雑種のウサギのことです。

体の大きさ、耳や被毛のタイプ、毛色などの外見も性格もさまざまです。通常、血統管理は行われておらず、大人になってみないとどんなウサギに育つかわかりません。

「日本白色種」という大型のウサギと、「ダッチ」などの小型（現在の小型種よりは大きい）のウサギを交配したものがもとになっているともいわれます。そのためかつては、「パンダウサギ」と呼ばれた、純血種のダッチに似た柄のウサギがミニウサギとしては多かったようです。小学校の飼育小屋にいたウサギとしてもなじみがあるかと思います。

大型種よりは小さいことから「ミニウサギ」と呼ばれたと考えられますが、体重が3kgほどになるものもいて、「ミニなのに大きくなった」ということもよくあったようです。最近では小型種との交配で生まれるミニウサギも増えているかと思われるので、かつてのミニウサギよりも小型化しているかもしれません。

上記のような流れをくむウサギを「ミニウサギ」と呼び、数代前に純血種がいたり、純血種の血統書を持たないウサギが「○○系ミックス」と呼ばれることもあるようです。ミニウサギのバリエーションは広がっています。

純血種であれば両親やその前の世代の体型などもわかるので、子ウサギがどのように成長するかは想像ができますが、ミニウサギでは遺伝性疾患も含め、そうした情報がわからないウサギであることは理解しておく必要があります。

いろんな子がいるね！　ミニウサギたち

Enquête

ウサギアンケート **8** あなたのミニウサギはどんな個性の持ち主ですか？

　皆さんに、あなたのミニウサギはどんな個性の持ち主ですかとお聞きしました。選択肢を挙げて選んでいただいたところ、喜怒哀楽がわかりやすい、好奇心旺盛、甘えん坊、活発、人懐っこい、やさしい、といった声が多く見られたほか、さまざまな異なる個性が挙げられ、ミニウサギがオンリーワンなことがよくわかります。あわせて体重についてお聞きしたところ、1.5～2.5kgの範囲で、平均すると約1.8kgでした（回答数24名）。

脱走が上手で賢かったです（あずきさん）／やきもち焼きです（はねうさぎさん）／アピール上手で食いしん坊です（mayumiさん）／物怖じせず、肝が座っています（モカさん）／嫌なことがあっても根に持ちません。一方で先代のミニウサギは嫌なことをされるとしばらく根に持って近づかせてくれませんでした（にこさん）

日本の野生ウサギ

　日本には野生のウサギが全部で4種生息しています。エゾユキウサギとニホンノウサギはいわゆる「野ウサギ」、アマミノクロウサギは「穴ウサギ」で、エゾナキウサギは岩場で暮らすウサギです。どんなウサギたちなのでしょうか?

エゾナキウサギ

【学名】　*Ochotona hyperborea yesoensis*
【分類】　ナキウサギ科ナキウサギ属
　キタナキウサギの亜種。準絶滅危惧(環境省レッドリスト2020)。北海道の標高400～2200mの岩場に生息。頭胴長11.5～16.3cm、体重115～164gと小さく、耳や四肢は短い。夏は赤褐色、冬は暗褐色の被毛をもつ。岩の隙間を巣にする。

夏から秋にかけては植物を食べるだけでなく貯蔵し、冬に備える。オスとメスとで異なる、甲高い鳴き声をあげる。周囲が安全なときには岩場の上で日光浴をする姿も見られる。

エゾユキウサギ

【学名】　*Lepus timidus ainu*
【分類】　ウサギ科ノウサギ属
　ユキウサギの亜種。北海道に広く生息。低山帯や伐採跡地を好む。頭胴長50～58cm、体重2000～3950g。日本の野生ウサギの中で最大。夏の被毛は茶褐色で、冬になると毛色が白化する(耳の先だけは黒い)。夜行性だが、食べ物の乏しい冬場には昼間にも活動し、雪の下の植物を探すこともあるという。

夏毛のエゾユキウサギ(画像提供：札幌市円山動物園)

冬毛のエゾユキウサギ
(画像提供：札幌市円山動物園)

夏毛のトウホクノウサギ
(画像提供：富山市ファミリーパーク)

ニホンノウサギ

【学名】 *Lepus brachyurus*
【分類】 ウサギ科ノウサギ属

　日本固有種。本州太平洋側、四国、九州のキュウシュウノウサギ (*L. b. brachyurus*)、本州日本海側のトウホクノウサギ (*L. b. angustidens*)、島根県隠岐のオキノウサギ (*L. b. okiensis*)、新潟県佐渡のサドノウサギ (*L. b. lyoni*) の4亜種があり、サドノウサギは準絶滅危惧 (環境省レッドリスト2020)。海岸線から山岳地帯の草原や林などに生息。頭胴長45〜54cm、体重2100〜2600g。世界のノウサギ類と比べると小型。積雪のある寒冷地に生息する亜種 (トウホクノウサギ、サドノウサギなど) には冬、全身の被毛が白くなる個体が多い (耳の先だけは黒い被毛が残る) が、東北地方でも白化しないものもいる。白化は秋、日が短くなると始まる。

アマミノクロウサギ

【学名】 *Pentalagus furnessi*
【分類】 ウサギ科アマミノクロウサギ属

　日本固有種。絶滅危惧IB類 (環境省レッドリスト2020)。鹿児島県の奄美大島と徳之島に生息。森林や草地で暮らし、巣穴を掘る。頭胴長41.8〜51cm、体重1300〜2700g。毛色は黒〜濃い茶。草や葉のほか木の実も食べる。夜間に活動しながら鳴き声をあげることでも知られる。古いタイプの特徴をもち、「生きる化石」とも呼ばれる。生息頭数が減少していたが、生息環境の改善により頭数は増加傾向にある。

キュウシュウノウサギ(画像提供：鹿児島市平川動物公園)

冬毛のトウホクノウサギ
(画像提供：富山市ファミリーパーク)

アマミノクロウサギ
(画像提供：鹿児島市平川動物公園)

ウサギよもやま話1

ウサギと名がつく動物たち

陸上だけでなく、空の上にも海の中にも「ウサギ」がいるのをご存じですか？ 種名に「ウサギ」とつくけれどウサギではない、という動物たちをご紹介しましょう。

フクロウの仲間には、頭部の飾り羽がウサギの耳のような、ウサギフクロウ（タテジマフクロウ）がいます。

海の中を見てみると、ウサギトラギスというキスの仲間がいます。特徴的な長い背びれがあり、オスが求愛行動のひとつとして背びれを立てる様子がウサギの耳のようです。光沢のある卵のような形が特徴のウミウサギという貝は純白の殻を持ち、その外観がまるで白いウサギがうずくまっているようです。

哺乳類にも、「ウサギじゃないウサギ」がいます。古くはウサギもその仲間とされていたげっ歯目には、後ろ足が発達して尾が長く、カンガルーにも似た外観で耳が長めのトビウサギ、南米に生息するネズミの仲間で耳がちょっと大きめなウサギネズミなどがいます。コウモリの仲間のウサギコウモリにも、大きな耳がついています。体が一番大きい動物は、「ウサギウマ」かもしれません。といっても正式な和名ではなくて俗称。「兎馬」は馬に比べて耳が長くて大きい、ロバのことです。

ウサギと名がつく動物はほかにもいるので、見つけたら「どこがウサギっぽいのかな？」と考えてみるのも楽しいですね。

（ウサギと名がつく植物については242ページもご覧ください）

月にウサギが住む理由

満月には餅つきをするウサギの姿を見つけることができます。月にウサギがいるという物語はインドに古くから伝わっています。仏教説話にはこんな話が残っています。

「帝釈天が老人に姿を変え、森の獣たちに食べ物を探してくるよう頼んだところ、ウサギだけがなにも見つけることができませんでした。そこでウサギは自分の身を火に投じ、老人に「自分を食べください」といいました。帝釈天は感激し、ウサギを救って月に住ませることにしたのです」。

また古代中国では、月ではウサギが薬壺をついて薬を作っているといわれていましたが、それがいつのまにか日本では餅つきをしている姿とされたようです。

PERFECT
PET
OWNER'S
GUIDES

Chapter 3

ウサギを迎えるには

どこからどんなウサギを迎えるか

心が決まったら迎える準備を

　第1章「ウサギを迎える決断の前に」を読んで、迎える心が決まったら、次の準備を始めます。どこからどんなウサギを迎えるかを考え、第4章以降を読んで必要な準備をしていきましょう。

ウサギをどこから迎えるか

ペットショップや
ブリーダーから購入する

✱ペットショップ

　イヌやネコ、小動物を扱っている総合ペットショップや、小動物のみを扱っているペットショップがあります。

　ミニウサギやミックス系が扱われている場合が多いですが、純血種を扱っていることもあります。外見が似た純血種の名称をつけて販売されていることもあるので、純血種が欲しい場合には確認してみましょう。

ウサギ専門店（うさぎのしっぽ横浜店）

✱ウサギ専門店、ブリーダー

　主に純血種のウサギを扱っています（ミックス系のウサギを扱っている専門店もあります）。自家繁殖したウサギを販売している専門店や、ブリーダーから仕入れて販売している専門店などがあります。専門店やブリーダーによって、扱っている品種や特に力を入れている品種が違うので、ホームページなどで確認してみましょう。

　自家繁殖している専門店やブリーダーだと、両親の情報を知ることもできるでしょう。

✱ペットショップ選びの注意点

　衛生的なショップを選びましょう。動物が飼われているのですから、無臭というわけにはいきませんが、排泄物の片づけや掃除などが適切に行われていることが必要です。スタッフの動物に対する扱い方が適切かも見てみるとよいでしょう。乱暴に扱われていると人を怖がるようになってしまいます。

　ウサギについて適切な情報を提供してもらえるでしょうか。専門店のほうがウサギ飼育に関する知識は高いですが、一般的なショップであっても販売する動物についての知識は持っていなくてはなりません（販売時説明については60～61ページを参照）。

里親募集をしている個人から譲り受ける

　家庭で子ウサギが生まれたときや、飼育していたウサギを手放さなくてはならなくなったといった事情で、新しい飼い主を募集している場合があります。

　どういった環境で飼われていたのか、健康状態はどうなのか、飼い主とのコミュニ

ケーションはどの程度だったのかといったウサギについての情報を確かめるほか、有償か無償かなどもあらかじめ十分に確認しましょう。後日トラブルにならないよう、書面を取り交わしておくと安心です。

保護団体から譲り受ける

遺棄や多頭飼育崩壊などから保護されたウサギの里親募集に応じることもできます。

そのウサギが二度と辛い体験をしないために、さまざまな条件が提示されていたり(飼育場所の確認、ペット飼育可能な住宅かどうかの賃貸契約書の提示、万が一のときの預け先の確保など)、トライアル期間(適切な飼育管理が可能か、飼い主との相性はどうかなどを確認するために一定期間、家庭に迎えて飼育する)が設けられている場合も多いです。

保護団体によってルールはさまざまですが、健康診断の費用や避妊去勢手術の費用などの負担が必要なケースもあります。あらかじめ手順や費用などについては十分に確認してください。

子ウサギから飼いたい／大人のウサギを飼いたい

子ウサギや若いウサギから飼いたい場合、通常、ペットショップや専門店、ブリーダーで販売されています。

大人のウサギを飼いたい場合、専門店やブリーダーなどでは、繁殖を引退したウサギが譲渡(有償が多い)されることもあります。

個人の里親募集や保護団体が譲渡するウサギでは、年齢はさまざまですが、大人のウサギであることが多いです。ただし保護されたウサギは正確な年齢が不明なこともあるので、飼育管理には注意が必要になります。

どんなウサギを迎えるか

迎えたいウサギをイメージする

「ウサギを飼いたい」と考えるとき、どんなウサギを思い描くかは人それぞれです。迎えたいウサギのイメージに近い個体を探す方もいれば、初めて見たときにピンとくる個体を選ぶ方もいることと思います。「一目惚れ」することもあるでしょう。

しかし、できれば具体的なイメージを持ってウサギを迎える準備をしたほうが、飼育を始めてから困ったと思うことが少ないかもしれません。

純血種とミニウサギ

品種の特徴をよく理解してから選ぶ必要があります。例えば、大型種であればより

広いケージが必要なことや、体重が重いために足の裏への負担が大きくなること、一般的なサイズのウサギ用の飼育用品が使いにくいことなど、短毛種は足の裏の被毛が薄いために負担が大きいこと、長毛種はグルーミングの重要度がより高いことなどがあります。

ミニウサギは、どんなふうに成長するのか幼いうちにはわかりにくいので、どんなウサギになるのかを楽しみにしながらも、どんなことに注意しなければならないのかを見極めていく必要があります。

オスとメス

性格について一般的には、オスのほうがのんびりしていてフレンドリー、メスのほうがしっかりしていて独立心がある、などともいわれ、「初めてのウサギならオスが飼いやすい」とする資料もありますが、性差よりも個体差が大きいと考えたほうがいいでしょう。持って生まれた性格や、それまでの成長過程でどのように育ってきたか、飼い主の接し方などによっても変わるものです。

ただし、性別による大きな違いもあります。オスは性成熟すると、尿スプレー行動などが見られることがありますし、におい付け行動をよく行い、臭腺からの分泌物も多いです。問題行動を防ぐために去勢手術が検討される場合があります。メスでは子宮疾患が多いことが知られており、その予防のため、避妊手術が推奨される場合もよくあります。

なわばり意識の差では、オスは「自分たちのテリトリーを広げ、守る」、メスは「巣を守る」というなわばり意識を強く持っています。穴掘り行動をよくするのはメスともいわれます。

なお、幼いうちの性別判定は難しい場合があります。

年　齢

子ウサギはまだ警戒心が低いので人に早く慣れたり、抱っこができたりします。見た目がとても愛らしいですが、幼い時期は短期間です。性成熟する頃から「思春期」を迎え、急に独立心が強くなり、抱かれるのを嫌がるようになり、扱いにくいと感じる場合があるかもしれません。何度もライフステージの変化を経験します。子ウサギから飼うことには、楽しさも大変さもあると考えましょう。

大人のウサギを迎える場合、落ち着いていて飼いやすいかもしれません。ただし、それまでどのように扱われていたかで、人に対しての警戒心の強さに違いがあるでしょう。食べ物の好みなど、嗜好がすでに定まっていることもあるので、食生活の見直しなどには手間がかかることもあります。（大人のウサギを迎える魅力については58〜59ページも参照）

迎える時期について

ウサギは通年、繁殖可能な動物なので、一年中いつでもペットショップで売られています。一般的には、春や秋がペットを迎えるのに適しているといわれますが、寒暖差が大きい時期でもあります。温度管理など適切な準備をして迎えましょう。また、真夏や真冬ではない時期がいいでしょう。

大切なのは、飼い主に時間的な余裕がある時期に迎えるということです。子ウサギは体調を崩しやすく、すぐに動物病院に連れていく必要があることもあります。また、セッティングした飼育環境に危険な箇所がない

かなどを観察することも必要です。余裕のある時期に迎えましょう。

「慣れるウサギが欲しい」

ほとんどの方は「なついてくれるウサギが欲しい」と思うでしょう。しかし、「絶対に慣れることが確実なウサギ」はいません。警戒心がとても強いウサギでも、根気よく愛情を持ってコミュニケーションを取ることでよい関係ができることもありますし、逆に、人に慣れやすい資質を持ったウサギでも、雑に扱ったり、怖がらせるような扱い方をしていれば、警戒心の強いウサギになってしまうでしょう。どんな個体にも、慣れる可能性と慣れない可能性の両方があるのだということは理解しておきましょう。

「1匹だと寂しいですか」

ウサギは群れる動物といわれますが、1匹でも問題なく飼育できる動物です。

むしろ、相性のよくない同士だとケンカになったり、避妊去勢手術をしていないオスと

メスであれば簡単に繁殖してしまい、管理しきれなくなってしまうこともあります。

一度に複数頭を迎えるようなことはせず、1匹を迎え、大切に飼うのが原則です（多頭飼育をする場合には148〜149ページを参照）。

健康なウサギを迎える

健康なウサギを選ぶことが大切です。ペットショップのスタッフと一緒に健康状態を確認し、自分の目でよく見てみましょう。体の状態だけでなく、わかる範囲でどんな性質かも観察しましょう。なお、ウサギに触りたいときは必ずスタッフに申し出るようにしてください。

離乳が済み（生後8週が理想的）、ペレットや牧草を食べるようになっていること、活気があり、目に力があること、痩せておらず、抱かせてもらったときに体の大きさなりにずっしりしていること、好奇心旺盛な様子を見せていることなどを見てみましょう。

健康なウサギを選びましょう

十分に離乳している？

ペレットや牧草を食べるようになっている？

涙目や目やにがなく目に力がある？

鼻水が出ていたりくしゃみをしていない？

活気があり生き生きとしている？

痩せておらず、体の大きさなりにずっしりしている？

毛並みがぼさぼさしていない？

お尻が汚れていない？

大人のウサギを迎える

　ウサギは子ウサギから飼うことが多いですし、子ウサギの時代にしか見られないかわいらしさには魅了されます。しかしここでは、大人のウサギと暮らすことの楽しさをお伝えしたいと思います。

　大人のウサギはすでに自立した心を持っていて、中には新しい環境になじむのに時間がかかる個体もいます。人でも、子ども同士ならすぐに仲よくなっても、大人同士だと距離感を測りながらお互いを理解していく場合がありますが、大人のウサギとの関係にも似たようなところがあると考えています。そんな大人同士のコミュニケーションを取りながら、絆を感じられるようになることは何より幸せなことです。

　怖い思いをしてきたり、飼い主に捨てられるという辛い経験をしてきたウサギもいます。決して裏切らないことを伝え、時間をかけて信頼関係を作っていくことがとても大切だと思います。なかなか心を開いてくれないように思えても、それは飼い主が嫌われているからではなく、それだけ心の傷が深かったからかもしれません。

　また、保護されたウサギの中には、病気を持っていて、その治療を含めて受け入れる必要がある場合もあるので、時間的、経済的な覚悟は必要です。

　遺棄や多頭飼育崩壊が起こらなくなり、悲しい背景を持つウサギが世の中からいなくなって欲しいですが、もし、なにかの事情があって大人になっているウサギを迎えることを検討するとき、どうか前向きに考えて欲しいと思っています。

Enquête

ウサギアンケート 9 　大人になっているウサギを迎えたことがありますか?

　子ウサギではなく、大人になっているウサギを迎えたことがあるかどうかをお聞きしたところ、アンケート回答総数600件のうち23.5%の方が大人のウサギを迎えた体験があるということでした。そのなかでどこから迎えたかわかるご回答では、ペットショップで大人になっていた個体を迎えた方が25%、保護団体の里親募集に応じて迎えた方が24%という結果となりました。

　大人のウサギを迎えた経験のある皆さんに以下についてお聞きしました。

❶大人のウサギを迎えたのはどういった理由からですか?
❷大人のウサギを迎えて、よかったと思うのはどんなことですか?
❸大人のウサギを迎えて、大変だと思うことはどんなことですか?

玉さんより

❶ウサギ専門店（ブリーダー兼）から引退したママウサギを有償譲渡でお迎えしました。

❷トイレや給水ボトルなどを覚えていたこと、これまで健康であったことです。

❸長く暮らしていた環境からの変化による影響がないか、最初は心配でした。

miotoさんより

❶通っていたウサカフェさんが規模を縮小するため、新しい家族を探していたので。

❷性格や身体的なことなどの情報があることです。

❸環境や新しい家族に慣れるのに少し時間がかかりました。シニア期に入る頃だったので、体調に気を遣いました。

やまさんちさんより

❶捨てられた子を保護団体から譲り受けた、多頭飼育崩壊からのレスキューなど保護っ子たちばかりです。かわいいです。

❷その子の個性がすでにはっきりしていることです。

❸個性がはっきりしていること、お家に来るまではさまざまな環境で生きてきたということを理解して接してあげないと体調を崩したり、攻撃する子もいます。ウサギを飼い主に合わせるのではなく、飼い主がウサギに合わせて接してあげることが大切だなと思っています。3匹いるととてんでにバラバラで大変ですが、みんなそれぞれ個性が溢れていてかわいいです。

なおさんより

❶大人のウサギのほうが体格や性格がおおかた決まっているので、自分が一緒に暮らしたいと思う子を見つけやすいです。あとから性別が違った、顔つきが予想通りじゃなかったとなるのを防ぐことができます。

❷体ができあがっているので、ケージやトイレのサイズを見直す必要がありません。迎えた当初も体調も安定していることが多いです。

❸過去に恐怖体験などがあると懐きづらいです（うちは一度子ウサギ時代にメスだと思われて購入されたもののオスだとわかり返品されたり、ペットショップの扱いがそこまでウサギに慣れておらず、最初は噛み癖があったりしました）。

MOGUさんより

❶家を不在にする時間が長いので、子ウサギよりも、安定している大人ウサギのほうが、安心してお迎えできるからです。

❷安心してお世話できました。

❸ありません。子ウサギをお迎えしたときのほうが、よほどたいへんでした。

ともんがさんより

❶お子さんがアレルギーが出てしまい飼えなくなったとのことで、里親サイトで譲り受けました。

❷大人だから、子どもだから、というようなことを思った記憶がありません。

❸心を開いてくれるのに少し時間がかかったかもしれません。

とらさんより

❶性別や年齢は関係ないと思うからです。

❷すでに性格が形成され、自我もしっかり持っていて、接するたびにその子を知っていく楽しみがありました。

❸大変だと感じたことはありません。すでに持っているこだわりや嗜好を私が把握するまで不便をかけてしまうので新しい暮らしを始めるウサギさんのほうが大変かと思います（笑）

動物愛護管理法と動物販売時説明

動物愛護管理法

　動物愛護管理法(「動物の愛護及び管理に関する法律」1973年制定、2019年改正)は、動物の愛護と適切な管理を目的とし、動物を命あるものとして、みだりに苦しめたりせず、適切な飼育管理を行うことや、動物愛護の気持ちをもつとともに、動物が人の生命や財産などを侵害することがないようにして、人と動物が共生する社会を目指している法律です。

　飼い主や動物取扱業者の責務が定められているほか、動物虐待などを禁じています。

　動物をみだりに殺したり傷つけた場合は5年以下の懲役か500万円以下の罰金、虐待(暴行や飼育放棄、不適切な飼い方で動物を衰弱させる、病気やケガに適切な対応を取らない、排泄物が堆積していたりほかの動物の死体が放置してあるようなところで飼うなど)を行った場合は1年以下の懲役か100万円以下の罰金、動物を遺棄した場合は、1年以下の懲役か100万円以下の罰金が科せられます。

飼い主が守るべきこと(第7条より)

1 命ある動物の飼い主として動物を愛護・管理する責任を自覚して、動物の種類や習性に応じた適切な飼い方をし、動物の健康と安全を守り、他人に迷惑をかけないように努めなくてはならない。
2 飼っている動物から感染する病気についての知識を持ち、予防するよう努めなくてはならない。

3 動物が逃げ出さないように必要な防止策を取るよう努めなくてはならない。
4 動物が命を終えるまで適切に飼育するよう(終生飼養)努めなくてはならない。
5 みだりに繁殖し、適正飼養できなくなることがないよう努めなくてはならない。
6 その動物が自分の飼っているものだということがわかるように努めなくてはならない。
7 「家庭動物等の飼養及び保管に関する基準」を守るよう努めなくてはならない。

　5は避妊去勢手術を行うことや、オスをメスを別々に分けて飼育することなどを指します。6は個体識別措置といい、イヌ、ネコではマイクロチップや首輪が一般的です。ウサギでもマイクロチップを装着する場合があります。装着したら、日本獣医師会が管理する動物ID情報データベースシステム(AIPO)などの登録機関に登録しておきます。ウサギが迷子になったときなどに登録情報を読み取ることで、飼い主の情報にたどり着くことができます。純血種のウサギの耳に入っているイヤーナンバーも個体識別措置のひとつです。

　7の「家庭動物等の飼養及び保管に関する基準」では、適正飼養、終生飼養に努めること、動物を飼う前に生態、習性、生理について知り、住宅環境や家族構成、動物の寿命なども考えて、飼えるかどうかを慎重に判断すること、動物の種類や発育状況に応じた適切な給餌、給水をすること、日常の健康管理に努め、病気やケガをしたときは獣医師の診察を受けること。みだりに

放っておくのは虐待のおそれがあると認識することと、適切な飼育施設を設け、温度管理や衛生状態の維持も適切に行うこと、適切に飼える頭数を飼うこと。適切な飼育管理ができないほどの頭数を飼うのは虐待のおそれがあると認識すること、屋外に脱走しないようにし、もし脱走したときは速やかに探して捕獲すること、災害に備えて、避難先での適切な管理ができる準備をしておくこと、災害時にはできるだけ同行避難をすることが定められています。

ウサギを購入するとき

　動物愛護管理法やその関連法令では、ペットショップやブリーダー、ペットホテル、ペットシッターなどの第一種動物取扱業者に関わるさまざまな法律も整備されています。ショップやブリーダーからウサギを購入するさいのルールを見ておきましょう。

　ショップなどがウサギを販売するときは、そのウサギの現在の状態を、そのショップで直接、顧客に見せる「現物確認」と、そのウサギに関する情報を書面などを用いて対面で説明する「対面説明」が義務となっています。顧客は、情報提供を受けたことについて確認の署名を行います。大切な説明なのでしっかり聞き、十分に納得したうえで署名してください。万が一適切な説明がされないときは、説明を求めてください。

━━━ 販売時に説明すべき項目 ━━━

- 品種等の名称
- 性成熟時の標準体重・体長など体の大きさ
- 平均寿命など飼育期間に関する情報

- 適切な飼育施設の構造と規模
- 適切な食事と水の与え方
- 適切な運動と休養の方法
- 主な人と動物の共通感染症と、その動物がかかる可能性の高い病気の種類と予防方法
- 避妊去勢手術などみだりな繁殖を制限するための方法
- 遺棄の禁止などその動物に関係する法令の規制内容
- 性別の判定結果
- 生年月日や輸入年月日
- 避妊去勢手術を行っているかどうか
- 繁殖者の名称など（輸入の場合は輸入者の名称など）
- その個体の病歴
- 遺伝性疾患の発生状況
- その他、適正な飼育管理に必要な事項

　なお、動物愛護管理法は5年に一度、見直しが行われます。最新の法律をご確認ください。

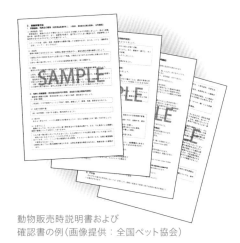

動物販売時説明書および
確認書の例（画像提供：全国ペット協会）

ウサギの血統書

血統書とは

血統書は、正しく繁殖管理が行われている純血種のウサギに対して発行されるものです。その個体の血統を保証し、3代前までのウサギの情報が提供されます。

通常、ウサギ専門店で純血種のウサギを購入すれば必ず血統書が発行されますが、受け取るまでには数週間から1ヵ月ほどかかる場合が多いです。届いたら、血統書に書かれたイヤーナンバーがウサギの耳に入っているイヤーナンバー（タトゥー状のもの）と同じかどうか確認しましょう。

血統書は、純血種の繁殖を行うにあたっては重要な情報となります。一般にペットとして飼育する場合だと、純血種であることの保証のほか、血統書によって3代前までの体重がわかるので、その個体がどのくらいの大きさになるのかの目安になります。

上記の血統書は「ペディグリー」と呼ばれるものです。

ほかに、6ヵ月以上のウサギをレジストレーター（ARBA公認の登録師）がチェックしたうえで、その純血種としての基準を満たしている場合にARBAに申請登録できる「レジストレーション」があります。

また、これらとは別のものとして、3代前までの情報が書かれた「繁殖証明書」が発行されることもあります。

書かれている項目

ARBAの公認種には通常、ARBA方式の血統書がついています。その項目は右ページのようなものです。レジストレーションを受けてARBAに登録されていれば登録番号、ラビットショーで一定以上の成績を収めていればそれを示す番号も記載されます。

耳に入っているイヤーナンバー

❶血統書の発行日付
❷血統書の通し番号
❸ブリーダーが付けたウサギの名前
❹誕生日
❺体重
❻毛色
❼性別
❽イヤーナンバー
❾飼い主の名前
❿ブリーダーの名前
⓫父親（SIREと書いてあります）の情報
⓬母親（DAM）の情報
⓭父親側の祖父母（G.SIRE、G.DAM）・曾祖父母（G.G.SIRE、G.G.DAM）の情報
⓮母親側の祖父母（G.SIRE、G.DAM）・曾祖父母（G.G.SIRE、G.G.DAM）の情報
⓯ブリーダーのサイン

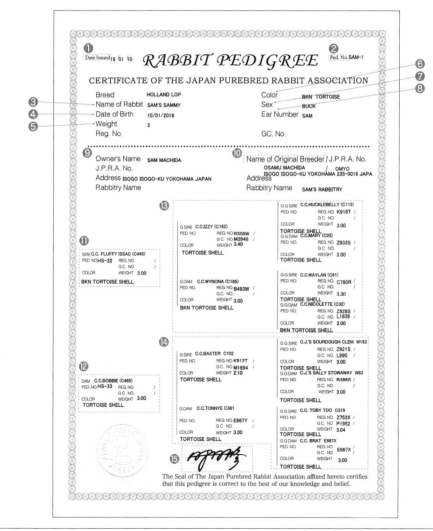

ウサギよもやま話2

ウサギの数え方

　ウサギは「匹」や「頭」と数えますが、「羽」と数えられることもあります。なぜ鳥のように「羽」と数える風習があったのでしょう。

　日本では仏教の影響で古くから獣肉を食べることが禁じられていましたが、ウサギ（ノウサギ）を食べることを「これは獣ではなくて鳥だから食べてもよいのだ」と正当化するために、鳥と同じ「羽」で数えたとする説がよく知られています。ほかにも「羽」で数える理由は諸説ありますが、「獣肉なのに食べるため」の言い訳が多かったようです。ほかには、日本で古くから行われている鷹狩りの獲物として、小鳥もウサギもまとめて「羽」で数えられていた、という説もありました。いずれにせよ、家族の一員であるウサギには、「羽」という数え方はあまりふさわしくなさそうですね。

ウサギのことわざ

　ウサギはたくさんのことわざや四字熟語に登場します。一番有名なのは「二兎を追う者は一兎をも得ず」でしょうか。一度にふたつのことをしようとしてもどちらもうまくいかない、という意味です。

　ウサギの生態から来ているものには「兎の子の生まれっぱなし」があります。ウサギは子を生んでも世話をせずほったらかしにしていることから、自分のしたことの後始末をしない無責任さをいましめることわざです。たしかにつきっきりで子育てをするタイプの動物ではありませんが、きちんと子育てをしていることは皆さんもご存じだと思います。

　「狡兎三窟（こうとさんくつ）」は、すばしこいウサギでさえ、いくつもの逃げ道を作っておく意味で、用意周到であるべきことを伝えています。実際、アナウサギが地下に作るトンネルは複雑なものになっています。

　「兎に祭文（さいもん）」ということわざがあります。祭文というのは神仏への祈願文などのことです。いくらウサギにありがたい祭文を聞かせてもわかりはしない、意見をしたところで意味がない、という意味で、「馬の耳に念仏」と似ています。いやいや、ウサギはけっこう人のいうことをよく聞いていますよ、と反論したくもなりますが、いくらダメといっても同じようないたずらを何度もやることもあるので、合っているところもあるのかもしれませんね。

Chapter 4

ウサギの住まい

どんな住まいが必要か

ウサギの立場で

ウサギは、捕食者から逃げて生き延びることができるように進化してきた動物です。彼らにとって最も重要なのはまず、命の危険がないことでしょう。それに加えて飼育下で生活をするウサギには、怯えたり逃げ回ったり、何かに恐怖を感じたりせずに、おだやかに過ごすことができる環境だということが必要です。

また、家庭で暮らすウサギは、野生での暮らしでは触れることのない人工的な物に囲まれて生活することになります。金属製のカゴを自分の住まいと理解し、土の地面ではないところで毎日を送ります。暑かったり寒かったりしても巣穴にもぐりこんで厳しい気候をやりすごすこともできません。危険だとは理解できずに行動を起こしてしまう場面にも遭遇するかもしれません（電気コードをかじるなど）。安全で快適な住まいを求めて別の場所に移動することはできません。加えて、体や頭を使う機会の乏しい退屈な生活もウサギにとってはよくありません。個体差も大きいですから、ウサギと生活をしながらどんな個性があるのかを理解し、それに応じて環境を整えることも必要になります。

ウサギの立場からすれば、過不足なく必要とする物があり、安全で快適、活発に楽しく暮らすことのできる生活環境を整えてもらうのが当然のことといえるでしょう。

飼い主の立場で

ウサギにとって安全、快適であることは、飼い主にとっての安心であり、幸せなことだろうと思います。例えば、「ウサギをかわいく飼いたい」「おしゃれに飼いたい」といった理想を持つことがあるかもしれませんが、それは「ウサギの安全、快適」という土台があったうえでのことです。近年では飼育用品のバリエーションも豊富になり、ウサギにとっても飼い主にとってもよい住まいを作ることも可能になってきましたが、「ウサギは安全だろうか」「ウサギは快適だろうか」と第一に考えることが飼い主の大切な役割でしょう。

さらに考えておきたいのは、その飼育環境は管理しやすいかどうかということです。どんなに素晴らしい飼育環境が用意できたとしても、それが飼い主に扱いづらければあまりよいこととはいえません。よい環境を持続できることが大切です。

快適で安全な住まいを用意しましょう。

必要な飼育用品

ケージ

ケージの必要性

ウサギの住まいとしてケージは欠かせないものです。ほとんどのウサギは、一日のうち多くの時間をケージの中で暮らします。

決まった巣を持たないノウサギと違い、アナウサギは決まった巣を持つ動物です。ウサギにとって巣は自分の身を守り、安心して過ごす「家」です。落ち着ける場所、安心して食事や排泄ができる場所として、必ずケージを用意し、ケージをウサギの生活拠点としましょう。

選び方

金網製のケージが一般的です。ここではそれを前提としますが、ほかにも、アクリル製や強化ガラス製の物なども市販されています。ウサギ用ケージは年々進化をしています。「以前に使っていたケージがある」といった場合でも、新しいケージの購入を検討することをおすすめします。メーカーのホームページなどで比較検討してみるとよいでしょう。

サイズ感は現物を見るのが一番よいので、可能なら購入前に見てみたり、購入しようと考えているケージを実際に使っている事例をSNSなどで探してみると、室内にある様子が具体的に想像できます。

✴ サイズ

飼育用品を設置してもなお十分な底面積があること。市販のウサギ用ケージは横幅が60〜90cmほどの物が一般的なので、現実的にはそれらから選ぶことになるでしょう。

海外の飼育書では、「体を完全に伸ばしたウサギの少なくとも4〜6倍」「少なくとも約76×76cm、または約61×91cm」、また、「1〜2匹のウサギ用として、少なくとも$8ft^2$（平方フィート）のケージと少なくとも$24ft^2$の運動スペースを組み合わせ、少なくとも1日に5時間遊ばせる」とする資料もあります（$8ft^2$は、例えば90×82cmほど、$24ft^2$は、例えば1.2×1.85mほど）。EUが制定している実験動物としてのウサギのケージサイズは、体重3kg以下で、1匹か、仲のよい2匹を飼うための最小床面積を$3,500cm^2$（例えば60×58cmほど）、3〜5kgでは$4,200cm^2$（例えば60×70cmほど）とされています。

✴ 材質

ウサギは金網をかじることがありますし、経年劣化もします。塗装やビニールコーティングしていない物、さびにくい物がよく、ステンレス製がよいでしょう。

✴ 安全性

ケージ内でウサギがケガをするトラブルには、網やすのこに足を取られてしまった、高い位置から落下したといったことで起こりがちです。

底網の網目の間隔が広いと、足を取られてケガをすることがあります。また、側

面の網目の間隔が広いと、幼いウサギや小柄なウサギが脱走したり頭をはさむおそれもあります。特にイヌ用のケージなど大きな動物用のケージを使うときなどは確認が必要です。

● 扱いやすさ・管理しやすさ

ケージは大きければ大きいほどよい、とする資料もありますが、飼い主が扱いやすいことも重要です。

ケージ全体を洗うために浴室に運ぶという場面もありますし、室内の適切な場所に置ける大きさか、ケージ内の掃除はしやすいかといったことも考えましょう。

ウサギ用ならケージ手前の扉は大きく開くものが一般的なので、通常は問題ないかと思いますが、ケージ内の飼育用品、例えばウサギ用トイレはサイズが大きいですから、扉が狭いと出し入れが大変です。

コンフォート60（KAWAI）
w620×D470×H510mm（キャスター装着時：H550mm）

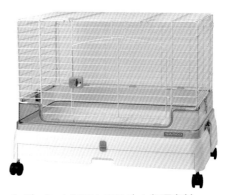

イージーホームネクスト70ラビット（三晃商会）
W710×D505×H560mm（キャスター部50mm含む）

うさぎのカンタンおそうじケージ（マルカン）
W900×D600×H600mm

ラビんぐスマートルーム（GEX）
w700×D540×H640mm（キャスター装着時）

行動を制限されることに慣らして〜完全放し飼いはおすすめしません

ウサギを家の中で自由にして一緒に生活をするのはとても楽しそうなことです。しかし、ウサギには必ず家(ケージ)を用意し、ケージの中で過ごすことにも慣らすようにしてください。

放し飼いはウサギがのびのびと暮らせ、運動量も多くなり、飼い主とのコミュニケーションの機会が増えるといったメリットもありますが、それを上回るほどのデメリットが存在します。

飼い主側の困りごととしては、家具や大切な物をかじられる、家の中の行動圏すべてが自分のなわばりだと思うウサギが、尿スプレーなどでにおい付けをし、汚れる場所が増える、人が生活しているときに常にウサギが自由にしていると、人が原因でウサギを危険な目にあわせるおそれが増えるなど、いろいろなことが考えられるでしょう。

それよりはるかに大きい、ウサギが被るリスクがあります。それは、電気コードなど危険な物をかじったり、毒物を食べてしまうリスク、屋外に脱走してしまうリスクです。これらについては対策が可能ですが、行動が制限される場所(ケージ)で過ごすことに慣れることができないのは、非常に大きなリスクです。

例えば動物病院に入院をするとき、飼い主が旅行や自身の入院などのためにペットホテルや知人に預けるとき、または災害時に避難所に避難して、キャリーバッグから出すことができないこともあるかもしれません。動物アレルギーを持つ知人が訪ねてきたときなども、ウサギは人から隔離する必要があるでしょう。普段、行動を制限されることのないウサギにとっては大きなストレスになります。

近年はイヌやネコでも、さまざまなリスク回避のために飼い主の留守中はケージに入れておくなど、ケージ飼育を取り入れる傾向も見られます。

飼い主が就寝するときや外出するときなどにはケージ内をウサギの居場所にし、行動が制限されることも「日常」なのだと理解させてください。

ペットサークルとケージを連結して、ケージとサークルの行き来が自由という場合でも同様です。いずれの場合でも、ケージ内で過ごす時間は「我慢の時間」や「罰」などではなく、楽しい時間や安らぎの時間になるようにしてあげましょう。

ch
04

ウサギの住まい

飼育用品

ペットサークル

　室内の危険な箇所に近寄らせないようにするためなど、ウサギを室内で安全に遊ばせるときにはペットサークルが役に立ちます。室内で自由に遊ばせることができる場合でも、最初のうちはペットサークルで場所を区切り、徐々に慣らしていくこともできます。

　遊ばせるときだけペットサークルを広げてもよいですし、室内のスペースに余裕があれば、ケージとサークルを連結させてケージが「家」、サークルが「庭」のようにするのもよいでしょう。そのさい、ケージとサークルをつないだ部分に隙間ができないようにしてください。ケージの下（キャスター部分）から抜け出すこともあります。

　イヌ用なども使えますが、柵の間が広いと抜け出したり、抜け出ようとして頭がはさまる危険もあるので注意してください。また、使い始めてからはジャンプして飛び越えることがないかよく観察しましょう。

ラビんぐラビットサークルワイド（GEX）
W700×H700mm（1面あたり）

ラビットワンタッチサークル（三晃商会）
W625×H700mm（1面あたり）

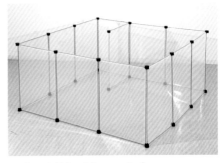

ペットフェンス（Leaf Corporation）
W500×H700mm（1面あたり）

床に敷くマット

ウサギの足裏が保護できるような床面にすることが必要です。ウサギの体重が重い、足裏の被毛が薄い、じっとしていることが多いと足裏に負担がかかります。

底網の上に敷くマットとして、牧草で編んだマット、布製のマットなどがあります。ペット用や住宅用のコルクマットも使うことができます。危険性がないか、足への負担が少ないか、かじらないかなどで選びます。

ケージの底をどうするかについてはさまざまな考え方があります。以前は金網の底は硬く弾力性もなく、足裏への負担が大きいのでよくないとされ、木製すのこを敷く方法がよく行われていました。しかし、隙間に足がはさまるリスクや、排泄物が染み込んで不衛生となることもよくありました。

現在のケージの金網は弾力性があって足裏への負担も減り、金網なら排泄物も下に落ちるので衛生的であり、そのままでも問題ないことも多いようです。

一般的なのは、金網の床に、牧草で編まれたマットや布製のマットなどを敷くといった方法です。排泄しやすい箇所は金網のままにしておけば排泄物は網の下に落ちます。この場合の注意点としては、牧草のマットはかじって食べてしまっても安心ですが、すぐに交換しなくてはならなくなることや、尿などで汚れるときれいにするのに手間がかかること、布製品は洗いやすい反面、かじる個体には危険なので使えないこと、プラスチック製品は隙間が大きいと足がはさまったり、経年劣化で割れたりヒビが入る、滑ることがある、といったことがあります。

牧草を敷くという方法もありますが、牧草は吸水性が悪く不衛生になりやすく、抜け毛などもからみやすいですし、ウサギが汚れた牧草を食べるおそれもあります。敷くなら一部にするとよいでしょう。

マットは複数を用意しておき、汚れたら（特に湿ったら）こまめに交換しましょう。

チモシー製のマット

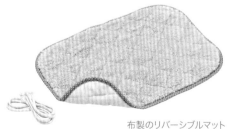

布製のリバーシブルマット

マイクロファイバー製のマット

食器

　ウサギが倒したりせず、食べやすい形で、衛生的に扱える物を選びましょう。陶器製やステンレス製がおすすめです。プラスチック製だとかじって壊すこともありますし、内側を引っかいて傷が付きやすいので、適切な時期に交換しましょう。

　金網に取り付けるタイプだと位置を変えられるので、食べやすい位置にしやすいでしょう。床に置くなら重みのある物を選んでください。

給水ボトル

　給水ボトルには、先端がノズルタイプになっている物と、水の溜まるお皿が付いている物があります。飲みやすい位置に取り付けて使います。ある程度深さがあり、重みがあってひっくり返しにくいお皿で与えることもで

きますが、汚れやすいので水をこまめに交換してください（飲み水の与え方については112〜113ページ参照）。

牧草入れ

　牧草は常にケージ内に置いておくべき食べ物です。いつでもよい状態の牧草を食べられるようにしておきましょう。

　ケージ側面に取り付けて牧草を引っ張り出して食べるタイプが多く使われていますが、牧草入れから飛び出している牧草で目を傷付けるなどのリスクがありそうなら、ケージの床の上に牧草を倒して置く方法もあります。床に置いてあるほうがよく食べる個体もいます。容器に入れて与えるほうが、食べた量がわかりやすいですが、「たくさん食べてくれる」ことが大切なので、ウサギの好みを見つけましょう。

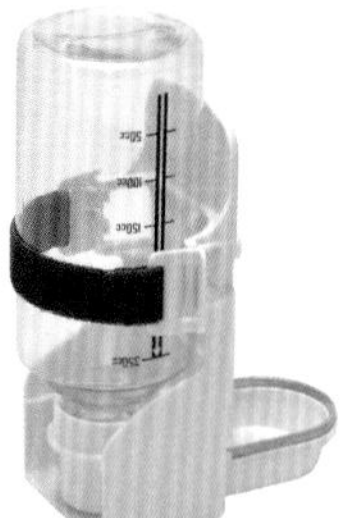

お皿タイプの給水ボトル

ノズルタイプの給水ボトル

床置きタイプの食器

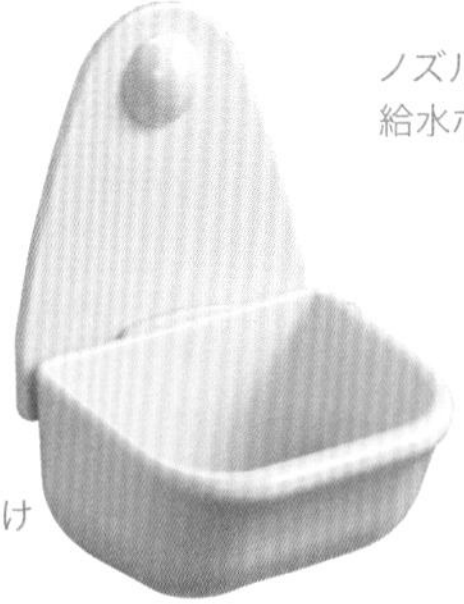

ケージに取り付けるタイプの食器

ケージ側面に取り付ける牧草入れ

木製の牧草入れ

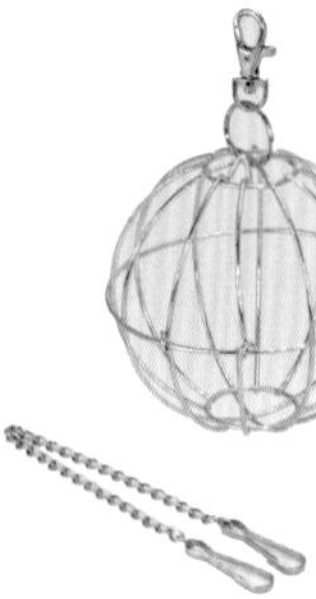

吊り下げておける牧草入れ

トイレ容器

　ウサギは野生下では決まった場所に排泄をする習性があるので、ケージ内でも決まった位置に排泄することを覚える個体もいます（トイレの教え方は134ページ参照）。

　三角形や四角形で、ケージのコーナーに設置するタイプが一般的です。

　ウサギの個性に合わせた物を選びましょう。大きなウサギには大きめのトイレがよいでしょう。尿を飛び散らすウサギなら、トイレ背面部の壁部分に高さのある物、トイレをひっくり返すことがあるウサギなら安定感のある陶器製のトイレ、シニアになってきてトイレに登るのが大変そうになってきたら手前が低い物などを選びましょう。

　なお、金網の上で排泄してくれるなら、排泄物は網の下に落ちますから、衛生面でも掃除の手間としても問題はないでしょう。必ずしもトイレ容器を使うことにこだわらなくてもよいかと思います。

トイレ砂（ペットシーツ）

　トイレの網の下にはトイレ砂やペットシーツを敷きます。

　トイレ砂には木の粉を固めたタイプやおからを使ったタイプ、紙製、消臭効果の高い物などいろいろなタイプがあります。ペットシーツには一般的な四角い物のほかに、三角のトイレ容器に合わせた物もあります。イヌネコ用のトイレ砂やペットシーツも使うことができます。

　トイレ容器を使わない場合は、金網の下にペットシーツを敷き詰め、よく排尿する場所が決まっているならそこにトイレ砂を敷いておくのもよいでしょう。

　なお、トイレ容器のすのこを嫌がるなどで、ウサギがトイレ砂の上に直接乗って排泄するような場合には、固まるタイプのトイレ砂が生殖器について固まってしまうリスクもあるので、固まらないタイプを使ったほうがよいでしょう。

背面部に高さのあるトイレ容器

四角いタイプのトイレ容器

陶器製のトイレ容器

パイン材が原料のトイレ砂

ヒノキが原料のトイレ砂

三角トイレ用のペットシーツ

キャリーバッグ

通院などの外出時、移動時に使います。ケージの掃除をするときなど一時的に移しておくこともできます。

ポリプロピレン製など硬い材質で作られているハードキャリーと、布製などのソフトキャリーがあります。移動時間が長いときはハードキャリーを選んでください。

体の向きを変えられるくらいの広さが適しています。あまり広すぎても落ち着きません。

ハードキャリーは上面も開く物がおすすめです。慣れない場所でキャリーから出そうとするとき、横面の一方向しか開かないと、嫌がって奥に引っ込もうとするウサギを追い詰めて無理やり引っ張り出すことになります。上面が開けばウサギを出しやすいです。開けたとたんに飛び出してしまわないよう注意が必要です。

天井にもドアがあるとウサギを追い込まずに出し入れしやすい。

ハードタイプのキャリーバッグ

リュックタイプのキャリーバッグ

ソフトタイプのキャリーバッグ

木製のハウス（底がないタイプ）

木製のハウス（底があるタイプ）

ハウス・隠れ家

必ず用意するべき物ではありませんが、慣れていないうちや怖がりな個体には、隠れられる場所があることが安心感につながるでしょう。ハウスの中で方向転換できるくらいのサイズを選んでください。

なお、繁殖する場合にはメスのケージには産室となる巣箱を必ず置いてください。

そのほかの飼育用品

❋温湿度計

温湿度計をケージの近くなど、ウサギがいる場所のそばに設置し、温湿度を確認しましょう。人が立っているときに感じる室温と床の上で暮らすウサギとでは差があり、特に暖房を入れているときは、人は暖かく感じても床の上は冷え込んでいることもあります。

留守中に暑すぎたり寒すぎたりしなかったかが確認できる、最高最低温度計も便利です。

❋体重計

健康管理のために定期的な体重測定は欠かせません。

ウサギの大きさによりますが、小型種なら3kgくらいまで測れるデジタルキッチンスケール（0.1～0.5gほどの単位）が便利です。

大型種だと、小型犬やネコ用スケール、ベビースケールなども使えるでしょう。

❋グルーミンググッズ

ブラッシングや爪切りをするための用具を用意しておきましょう（138～143ページ参照）。

❋掃除用品

除菌消臭剤などを用意しておきましょう（129～131ページ参照）

❋季節対策用品

暑さ対策や寒さ対策のためにケージ内で利用できる飼育用品があります。必

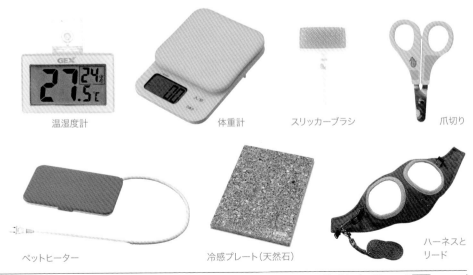

温湿度計　　　　　体重計　　　スリッカーブラシ　　　　爪切り

ペットヒーター　　　冷感プレート（天然石）　　　ハーネスとリード

要に応じて使いましょう。

ペットヒーターには、ケージ内の床に置くタイプ、ケージ外の側面から暖めるタイプなどの種類があります。ケージの下に敷くシートタイプの物もありますが、シートからウサギのいる場所まで離れているので効果は高くありません。

中にはペットヒーターを置いても乗らないウサギもいるようです。寒い日に急に設置しても乗らないのでは困りますので、必要になりそうな時期になったら電源を入れないまでもケージ内に置いて慣らしておいたり、布をかじらない個体なら座り慣れている素材の布類で巻くなどしましょう。

安全対策を施してある物ではあっても、電気製品ですから、コードをかじったり、熱くなりすぎているように感じたときは使用をやめてください。

暑さ対策の基本はエアコンですが、補助的にケージに入れる大理石ボードやアルミボードなどがあります。

❋ ハーネス・リード

ウサギを散歩させるときには必要な物ですが、散歩自体、必ずしも必要なものではありません。

散歩以外で必要な可能性のある状況もあります。例えば災害時に避難したときなど、ウサギはキャリーバッグの中で生活することになるかもしれませんが、キャリー内の排泄物の掃除をするときなどウサギを一時的にキャリーから出すときには、キャリーの中でハーネスとリードをつけてから出すのがよいでしょう。また、運動をさせてあげたい、というようなときにも必要かもし

れません。

ウサギ用のハーネスを選んでください。ベストタイプが一般的で、お腹側で留めるタイプと背中側で留めるタイプがあります。抜け出たり、きつすぎることがないよう、ウサギのサイズに合った物を選びましょう。

❋ 看護、介護用品

ウサギが病気になったり、高齢になって介護が必要なときに役に立つ飼育用品もあります（232ページ参照）。すべてのウサギに必要となる物ではありませんが、どんな物があるのか知っておくと、いざというときにあわてなくてすむかもしれません。

❋ そのほかに必要なことがある物

そのほかには、室内の安全対策として電気コードをかじられないようするためのカバー、室内で遊ばせるさいに床が滑るようなら滑らない材質のマットといった物が必要になることもあるでしょう。

プラダン（プラスチック製ダンボール）は汚れても洗い流せる素材です。尿スプレー行動への対応としてケージと壁の間にはさんだり、遊ばせる場所の壁を保護するなどにもよく利用されます。

また、ウェブカメラやライブカメラは、留守中のウサギを観察できる物です。体調がよくないなど心配なときに様子を見ることができます。

用品、中でもケージの金網に取り付けるタイプのものは、使用中のケージで使える物かどうかを確認してから購入しましょう。

環境エンリッチメント

環境エンリッチメントとは

　ウサギの生活を豊かで充実したものにするために必要な考え方が「環境エンリッチメント」です。

　これは、動物福祉の立場から、飼育下の動物が身体的、精神的、社会的にも健康で幸福な暮らしを実現できるような具体的な方法のことです。

　野生下のウサギは本来、体を使い、頭を使い、さまざまな行動をしながら生活していますが、飼育下では飼い主が環境を整えてくれるので、自分で食べ物を探し回ったり、巣穴を掘ったりしなくても生きていくことができます。

　そのこと自体は飼育下では当然で、ウサギに苦労をさせてはいけないのですが、「体や頭を使ったさまざまな行動」ができないことはよいことではありません。

　そこで、ウサギの行動レパートリーを増やす工夫ができる「おもちゃ」（ここではエンリッチメントグッズと呼びます）を暮らしに取り入れ、ウサギが退屈せず、楽しく、体と頭を使うようにしていきましょう。（「食べ物を探す」のも行動レパートリーのひとつです。114〜115ページ参照）

　エンリッチメントグッズはケージ内に置いてもよいですし、室内で遊ぶときに使うのもよいでしょう。取り入れられる遊びの一例としては以下のようなものがあります。

✱ 穴掘り行動

　特に何も用意しなくても穴掘り行動をすることがありますが、ケージの隅などでは爪が隙間にはさまるおそれも。穴掘り行動ができる場所を用意するとよいでしょう。穴掘り行動をする場所に設置するグッズもあります。プランターなどに土を入れて穴掘りをする場所を作るのもよいですが、周囲が汚れるので覚悟が必要です。

✱ 物をかじる

　かじるのも本能的な行動のひとつです。市販のかじり木などかじれる物を用意します。金網をかじることがありますが、習慣づけると歯のためによくありません。金網をガードするグッズもあります。

　食事（牧草）でも歯を適切に整えられますが、かじる機会が増えるのはよいことです。

　かじるおもちゃを用意しなくても木や牧草でできた飼育用品をかじるウサギも多いですが、かじってよい材質の物ならしかたがないと思ったほうがよいかもしれません。

✱もぐる

　トンネルや巣穴にもぐる習性を再現させることができるグッズもあります。

　トンネルは中で排泄することもあるので、遊ばせたあとは汚れを確認しましょう。あまりトンネルを長くしすぎると管理が大変なのでほどほどの長さで。

✱知育玩具

　知育玩具とはもともと人間の子どもの知能や知力を高めることが期待されているおもちゃのことで、ペット用にも広がってきました。ウサギ用の知育玩具にも、隠したおやつを探させるような物が販売されています。

　なお、「知育」と謳っていない物でも、新しいグッズを与えることで、ウサギも使い方を考えて、頭を使うことになるでしょう。

✱そのほかのエンリッチメントグッズ

　ボール状の物を鼻先でつついて転がしたり、口にくわえて振り回したりするのもウサギによく見られる遊びです。

注意点

　ケージ内に設置するときは、たくさん置きすぎないようにしましょう。

　また、「物をかじる」ことへの注意は重要です。

　牧草で編んだおもちゃなどはかじっても安全です。布製やプラスチック製、ゴム製などさまざまな材質のおもちゃがありますが、かじって破片を食べてしまうような個体には不適当ですので、どんなふうに遊んでいるかをよく観察し、危ないと思ったらすぐに使用をやめてください。

　イヌネコ用のおもちゃにも楽しそうな物が多いですが、やはり材質への注意が必要なことと、小さなパーツがついている物もちぎって飲み込むことなどあるので気をつけてください。

　安全な素材を使って手作りを楽しむ方たちも多いようです。ダンボール、トイレットペーパーの芯などはさまざまに工夫できますが、かじることもあります。ただかじって壊す程度ではなく、食べている様子があれば使わないでください。

【掘るおもちゃ】

おやつを隠してホリホリ

【かじれるおもちゃ】

リンゴの枝

トウモロコシの皮のボールの中には乾燥パパイヤ

イグサでできた吊り下げられるマット

【もぐれるおもちゃ】

トンネル

チモシーで編んだ丸いハウス

天然草で編んだ四角いハウス

【知育玩具】

転がすと中のフードが
出てくるボール

ふたをスライドさせてフードを見つけよう

引き出しに隠れたフードを
どうやって出す？

【転がせるおもちゃ】

チモシー製のボールは転がしてもかじっても

3種類の素材でできたボール

ケージのレイアウトと置き場所

一般的なレイアウト例

　ケージレイアウトの基本は、必要な物が適切な場所に、過不足なく揃っていることです。安全な生活環境であること、いろいろな飼育用品を配置しても、ウサギが体を伸ばして眠ったり、動き回るスペースがあることにも気をつけましょう。こうしたレイアウトにすることで、飼い主も安心していることができます。実際にウサギが生活をする様子を見て、危なくないか、動きやすそうかなど、物の配置に問題はないかを観察してください。

【ケージレイアウトの一例】

エンリッチメントグッズを置く場合は、たくさん置きすぎてじゃまにならないようにします。

牧草入れは補充しやすい位置がいいですが、トイレのそばにあるとよく食べることもあるので、様子を見て調節します。

トイレは落ち着ける場所、ケージ奥の隅に設置するのが基本ですが、ウサギの排泄の好みに応じて位置を変えることも想定しておきます。

ハウスはケージの奥に置きます。

底網の上にはマット類を敷きます。

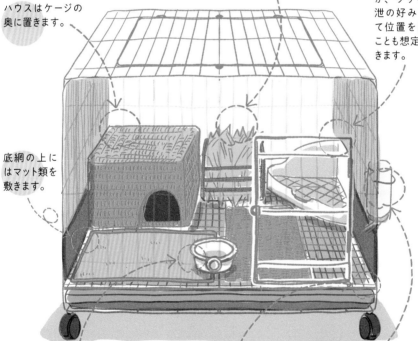

食器は食べやすく、給水ボトルから垂れた水がペレットの容器に入らない位置に。ペレットなど乾燥した食材と野菜など水分のある食材とは別の容器に。

金網の下にはペットシーツや新聞紙などを敷いておきます。

飲食関連のグッズは基本的にはトイレから離れたところに設置します。給水ボトルは無理せず飲める高さに取り付け、様子を見て調節します。

ロフトを考える

ロフトの長所

　ケージの中に足場となるグッズを設置して、中二階（ウサギの飼育環境ではロフトと呼ばれています）を作るという方法があります。

　ケージ上部の使われていない空間を有効利用できるうえ、実質的に底面積を広げることができ、ウサギの行動範囲が広がって運動量を増やすことができる物です。ロフトの上でくつろぐなど、楽しく使っているウサギも多いでしょう。

ロフトの注意点

　ただし危険な場合もあることを知っておいてください。ロフトの上からウサギが落ちたり、降りようとしたときにうまく降りられずに落ちてケガをする、足場となるグッズや、グッズとケー

ジのジョイント部分などに爪を引っ掛けてケガをする、といったことがあります。高所からの落下はケージ内のロフトに限らず、室内でソファから飛び降りることもあり、そのさいにケガをする例も見られます。

　ここで野生のウサギの動きについて考えてみましょう。

　ウサギの地下のトンネルは地上から3mもの深さにまで掘られています。トンネルの移動時には、ウサギは上下運動を行っています。ところがトンネルの直径は15cmほどと、ウサギの胴回りと大きく変わりません。もしトンネル内を落下することがあるとしても、おそらく、滑り落ちるようなもので、決して「転落」といった落ち方をすることはないのでしょう。

　また、樹上性の動物ではないので、地上でも、木の上に登って、そこから飛び降りるようなことはしません。ただ、倒木などがあればその上に乗るようなことはあるでしょうし、飛び降りることもあるでしょう。ただし地面は

上下運動は狭いトンネル内部でのことで、高いところから飛び降りることはありません。

土であって、硬い人工物ではありません。

　こうしたことなどから、ロフトの設置にはさまざまな考え方があります。

ロフトの設置は安全第一

　ロフトを設置するなら、なにより安全であることが一番です。

　位置を高くしすぎないこと、スロープなどでなだらかに登り降りできること、階段状の配置にして、高い位置から一気に飛び降りることがないようにすること、隙間に気をつけること、ロフトの各段を滑らない素材にすることなどに注意してください。設置するグッズは、ゆとりをもって動けるサイズにすることです。野生下のトンネルは狭いことでウサギは安全に移動できていますが、ケージ内では動きにくいとかえって危険です。

　また、床に降りたときにしっかり踏ん張れることも必要ですので、床は滑らないようにしてください。

　なお、シニアや運動能力に心配があるウサギ、足腰が弱っているウサギのケージには段差はつけないようにします。

　すでにつけている段差をなくしていくときには、それまであった物が急になくなるとウサギも対応しづらいので、少しずつ低くしていくなど段階を踏んで環境を変えてください。

ケージの置き場所

落ち着ける場所

　人が生活の中で発する常識的な大きさの音は問題ないですが（人の声や足音、食器などがぶつかる音、テレビの音など）、大きな物音や振動は避けてください。人に聞こえない高周波の音が聞こえるので、電子機器や家電製品のそばは避けたほうがよいかもしれません。

　ケージは部屋の真ん中などではなく、壁沿いに置きましょう。どの方向からも人がアプローチできるのは、ウサギが落ち着きません。

　イヌやネコ、フェレットなどの捕食動物と接することのない場所に置きましょう。見えなくてもにおいを感じているだろうことは理解しておきましょう。野生のアナウサギをキツネのにおいにさらすとストレスホルモンが増えるという資

料があります。

多頭飼育している場合、相性の悪いウサギがそばにいることがストレスになったり、避妊去勢手術をしていないで飼っている場合だと発情しているメスのにおいでオスが落ち着かないといったこともあります。

生活リズムが整いやすい場所

昼間は明るく、夜は暗くなる場所が原則です。

日当たりがよい部屋が適していますが、直射日光が直撃するような場所は避けてください。

リビングなど人の生活する部屋で、夜になっても明るいなら、ケージの場所が薄暗くなるように衝立などを置いたり、ケージカバーなどをかけるようにします。カバーをかける場合は、風通しが悪くならないようにしましょう。カバーは市販もされていますが、自分で用意する場合には、爪の引っ掛かりにくい高密度に織ってある布、ポリエステル、遮光カーテンの生地などがよいでしょう。ケージの中に引っ張り込むリスクが減ります。

温度管理がしやすい場所

夏は涼しく、冬は暖かくできる場所、寒暖差が大きくならない場所にケージを置きましょう。湿度が適切であることも大切です。

夏場はエアコンがある部屋が必須条件といえます。エアコンからの風がウサギに当たらない位置にケージを置きましょう。

冬場は、ドアの近くなどで開閉のたびにドアの外から冷たい風が吹き込むような状況は避けるようにします。

夏の日差しや冬の冷え込みを避けるた

め、窓際には置かないほうがよいでしょう。

そのほかのポイント

風通しがよくいつもきれいな空気が循環しているところが適しています。ときどき換気も行いますが、そのさいに脱走させないようにしてください。

ウサギが落ち着いた気分でいるためには、人の気持ちというのも大切なことです。ケージを置くのに適した場所のうち、自分が落ち着いてウサギと接することができる場所がよいかもしれません。

ウサギ専用の部屋で飼うことができれば、ウサギのためだけに日当たりの管理や温湿度管理ができますが、その場合、コミュニケーションの時間を十分に作るようにしましょう。

災害対策に配慮した場所であることも大切です(150ページ参照)

ライフステージ別の住まいのポイント

シニアウサギの住まい

　より安全対策が必要になる時期です。ケージへの出入りに不安があるなら、スロープを付けてバリアフリーにする方法も。スロープは一枚板になっている物を使いましょう。

　ロフトを設置している場合、徐々に位置を低くするなどしてください。

　トイレに乗りにくくなることもあります。手前が低くなっている物にしたり、トイレを床面にはめこんでバリアフリーになっているケージもあります。

　飲み水の位置も、飲みやすいかどうか観察します。(シニアウサギの飼育環境については228〜229ページも参照ください)

子ウサギの住まい

　体調を崩しやすい時期です。体を冷やすことのないよう、網の上には暖かいマットを敷いたりハウスを入れるとよいでしょう。

　ペットヒーターを使う場合、ヒーターの上にいると熱すぎるために離れたら体を冷やしてしまったといったことのないよう、ヒーターが熱いようならフリースの布を巻くなどして調整し、夜間など冷え込む時間帯にはケージにカバーをかけるなどして暖かさを保てるようにしましょう。

　レイアウトは最初はシンプルにし、寝る場所やトイレなどの位置が決まってきたら、徐々に環境を変えていきましょう。

大人のウサギの住まい

　最も活動的な大人の時期には、体も心も十分に使える環境が大切です。体を動かす機会をたくさん与えられる環境を作りましょう。

　大人になると個性がはっきりしてきます。いろいろなエンリッチメントグッズを試してみて、お気に入りがどんな物なのかをわかっておきましょう。シニアになって不活発になってきたときでもお気に入りのおもちゃには興味を持ってくれるかもしれません。

　今現在の元気をサポートするとともに、将来の準備もしておく時期といえます。

　また、性成熟する頃になると尿スプレー行動などが始まることもあります。人の住まいの汚れ対策も考えましょう。

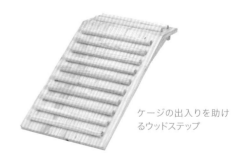

ケージの出入りを助けるウッドステップ

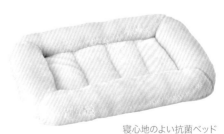

寝心地のよい抗菌ベッド

ウサギアンケート 10 わが家の住まいの工夫

○ おもちゃは齧ってもいいわらやチモシーで手作りしています。へやんぽスペースにはわらマットを敷き詰めています(自然に近い状態にしたくてまだ試行錯誤中ですが…)。ケージ内にはヘチマやウッドの柵をプラスして、齧っても大丈夫なようにしています。

わら、牧草、ヘチマで作った吊り下げる嚙むおもちゃ。

（うさぎのうみちゃんねるさん）

牧草マットに編んだチモシーを立てた嚙むおもちゃ。

○ 好奇心旺盛で視線が高くなることを特に好む子もいました。市販のロフトだと爪の引っかけなどが心配だったため、ある程度の高さの棚を置き、それに合わせたサイズのクッションを作って敷いていました。市販のウサギ用ケージに広いものがあまりなかった頃には、メタルシェルフに大型犬用のケージやサークルなどを組み合わせたりして、できるだけ広さを担保するようにしていました。

給水ボトルの飲み口を嚙んで切歯を傷める子がいたので、ボトルと受け皿を組み合わせたネコ用給水器を使用しました。衛生面との兼ね合いがありますが、うちの子にはこちらが合った

ようです。何にせよ一概に「コレがよい！」という正解を出すよりは、観察第一で個体に合わせてカスタマイズしていくことが一番かと思います。（ぱにこさん）

○ ウサギ用のおもちゃに興味がないため、行動を観察して好きそうな行動ができる空間をリビングに作り、一緒にテンション高めに遊んでいます。レースのカーテンは走り回るのに邪魔になるので長さを調整し、厚いカーテンはくぐって遊ぶので半分閉めています。窓際の直線でダッシュするので物を置かないようにし、テレビボードの下に入るので物を置かずに空けておいています。

また、洗濯物があるとにおいをかいだりぶん投げたりするので、ウサギをリビングに出すときまであえて置いておいたり、チラシなど人が見ているものを踏んだり投げたりするのも好きなので、あえて床に広げた状態で見ることにしていたりします。（ほげまめさん）

イスの下に100均で買ったネコ用ハンモックをつけています。

クッションを組み合わせて作った「祠」でくつろいだり、壊したりして遊んでいます。

リビングを丸々へやんぽスペースにしています。部屋の一角にケージとトイレを置き、そのスペースを区切る柵がありますが、飼い主がいるときは開けっ放しです。部屋内の電源コードはすべてかじられないよう太めのチューブにまとめ、壁紙もウサギが届く範囲にプラスチックの板を貼り付け養生しています。オシャレとは無縁な空間になっていますが、ウサギとゴロゴロする生活には代えられません。（ゴンチャロフさん）

電源ケーブルは床を這わさず、壁に這わして高い所から下ろすようにしています。床を這わさないとならない所は電気配線モールでカバーしています。（和也さん）

ケージ内は、水切りかごの牧草トイレ、水入れ、ペレット入れ、休息マット、ウサギの座布団のみです。牧草トイレは、食べる牧草と排泄物が一緒になるので、牧草は朝晩全部交換しています。

水受けと水切りを重ね、牧草を入れてケージに設置します。

今飼っている2匹ともに、足にケガの後遺症があるので、へやんぽの場所は高反発マットを敷いています。幸い2匹とも、かじったり掘ったりはしません。へやんぽの場所はプラスチックの板のサークルで囲んでいます。（MOGUさん）

牧草トイレは100均の水切りかごの水受けに厚手で吸収性のよいペットシーツを敷き、水切りを重ねます。ウサギが外さないよう、水受けと水切りにはマジックテープを付けてあります。

若いときは、ケージ内は小屋の上に板を張り小屋の上でくつろげるようにしたり、ステージで高さを出したりしました。高齢になってからは小屋も撤去し、段差のないように工夫し、どこでオシッコしてもいいようにマイクロファイバーバスマット（SUSU）を敷き詰めています。

基本、ケージとサークルで過ごしてもらってます。部屋はコード類は束ねてかじらないようにし、テレビなどの家電はメッシュのフェンスでガードしています。へやんぽは、常に見ていられる状態のときしかしていません。探検をするのが好きなようなので狭い隙間を作るようにしています。（うさぎのもふの母さん）

遊ぶスペースにはトンネルを設置。探検を楽しみます。

100均で購入できるワイヤーネットと結束バンドを利用して、簡単なサークルを作って遊ばせています。かじられると困るコード類は数が多く、すべてをコードカバーで覆うにも、ウサギさんは歯の入る部分を探して結局かじってしまうので、かじれないように範囲を制限するのが一番という結論に至りました。（W.Nさん）

足を引っかけたり、シニアになって取り去ったときにショックを受けたりしないように、ケージ内にはステップを付けません。

ケージの上にはお世話グッズを入れたケースなど置き、高さを出します（何も置いていないと飛び乗れてしまうので）。また、サークルは70cmの高さにし、それでも越えようと狙う所に

はクリアファイルで高さを追加しています。念のためサークルの外もケーブルには全てコードカバーを付けています。

　ケージに飛び込んできたときにぶつかったりしないよう、ケージ内のトイレは入り口と逆の奥に配置します。

　トイレは陶器製です。熱湯消毒可能で、重みがあるからイタズラできず、体が大きなミニレッキスでもちゃんと乗れるからです。トイレは2つ用意しておき、トイレ掃除のときにトイレを使えない時間を短くしています。万が一割れたときの予備でもあります。（saoriさん）

サークルにクリアファイルを貼り付けて高さを追加しています。

◎ なんでもかじる子だったので、コード類やビニール類など危険なものと接触させないよう気を使っていました。ソアホックがあったのでケージ内にはチモシーのマットを敷き、乾いたきれいな状態を保つようにしました。室内にサークルを設置して散歩させていたため、爪が引っかかりやすいループパイルのカーペットを避け、なるべく毛足の短いカットパイルのものを選ぶようにしていました。（渡邉由佳子さん）

◎ ウサギ用ケージだと大きなものがないため、イヌ用ケージを使用しています。それまでのウサギ用だと、ケージ内ではオシッコを我慢してへやんぽのときしかしなかったのですが、ケージが広くなってリラックススペースとトイレスペースがしっかり分かれているためか、ケージ内で

オシッコをしてくれるようになりました。

（さちこさん）

◎ ケージ内の全体はキルティングの枕カバーにキルト芯を詰めて厚みのあるマットを、半分は夏はクール生地、冬は毛足のある保温マットを敷き、ケージの床はすべてマットにしています。また、ケージと部屋との出入りのさいにケージ入り口で足を引っかけてしまわないよう、低めのスツールを入り口前に置き、段差を作らないようにしています。（さわらさん）

ケージの床はすべてマットを敷いています。

ケージ入り口と同じ高さのスツールを置くことで、へやんぽからケージへ戻るさいの足の引っかかりがなくなりました。

◎ エアコンがよく効いてる場所、あまり効いてない場所、隠れ場とそれぞれに温度計を設置して、好みの温度でくつろげる場所を室内に3箇所、作ってます。在宅時にはケージはフルオープンで、お留守番時にはサークルで囲っています。サークル内の温度計は2箇所で、そのうちのひとつは設定温度より高くなったり低くなったりするとスマホにアラート通知が来るようになっています。

　安全対策としては、コードはすべてガードを付けたうえで棚の裏などにしまい、棚の前面はサークルやネットで囲ってます。（ちろさん）

ウサギの眠り

睡眠時間は一日のおよそ半分

　ウサギが眠っている姿を見ているとこちらも幸せな気持になるものです。ウサギは一日にどのくらい眠っているものなのでしょう?

　ウサギの睡眠について観察したデータによると、睡眠時間は一日平均11.4時間とのこと。一日の半分くらいは眠ることに費やしているのです(8時間とする資料もあります)。眠りはウサギにとってエネルギー消費を抑え、体や脳を休めるための大切な時間です。また、リラックスした状態で横になって寝ているときのほうが睡眠時間は長くなることもわかっています。

無防備な姿でスヤスヤ。いい夢見てるかな?

うとうと状態の時間も長い

　ウサギにも人と同じようにレム睡眠やノンレム睡眠がありますが、浅い眠りであるレム睡眠の時間は人よりも少なく、寝ているとも寝ていないともつかないような「うとうと」した状態が睡眠時間の4分の1ほどあるとされています。草食動物は消化に時間を取るためうとうとしている時間が長いといわれますが、ウサギも同様なのでしょう。また、明るい時間と暗い時間を12時間ずつ作った観察では、暗いときに起きている時間が多く、レム睡眠の時間は短いということも調べられています。

　ウサギは寝ている時間が長いですが、人のようにまとまった睡眠時間があるのではなく、短い睡眠時間を何度も取っているようです。また、人では約90分とされる睡眠周期はウサギでは短く、約25分といわれています。

　ところでウサギも夢を見るのでしょうか。

　レム睡眠があるなら見る可能性はあるともいわれますし、ウサギの寝言を聞いたことがある方も多いと思います。実際のところはウサギに聞いてみないとわかりませんが、おだやかに眠れる環境を作って、楽しい夢を見られるようにしてあげたいでですね。

ウサギの
食事

栄養の基本

栄養素の働き

栄養とは、食べた物が体内で分解・合成され、エネルギー源になったり体の組織になったりする働きのことです。その働きのために摂取する物が栄養素で、タンパク質、炭水化物（糖質、繊維質）、脂質の3大栄養素と、ビタミン、ミネラル（これらを加えて5大栄養素ともいう）があります。

栄養素の役割は大きく3つあります。タンパク質、炭水化物、脂質は、「エネルギー源」となります。エネルギーは心臓を動かしたり、消化吸収、血液の循環、恒常性（体温維持など体を安定した状態に保つしくみ）、神経伝達などの生命活動に必要なものです。タンパク質、脂質、ミネラルは、「体の構成成分」となります。体の構成成分とは、骨や筋肉、内臓、皮膚や被毛などまさに体を形作っている成分のことです。タンパク質、脂質、ビタミン、ミネラルは、「体の機能を調節」します。体の機能を調節するとは、例えば体内に取り入れた栄養素の代謝を助けるなどさまざまな働きのことです。

このように動物にとって、食べ物から栄養素を摂取することは生きていくうえでなにより重要なことなのです。それに加えてウサギの場合には、食料だけでなく、盲腸便を食べるというしくみによっても必要な栄養を摂取します。

タンパク質の役割

動物の体を構成する主要な成分のひとつです。タンパク質はアミノ酸という物質で作られていて、タンパク質は体内でアミノ酸に分解されて体に吸収され、全身の組織でタンパク質に合成されます。

体内で合成できなかったり、合成される量が少ない「必須アミノ酸」は食物から摂取する必要があります。その種類と数は動物によって違いがあります。ウサギの必須アミノ酸はヒスチジン、イソロイシン、ロイシン、リジン、メチオニン、フェニルアラニン、スレオニン、トリプトファン、バリンです。

タンパク質には、臓器や筋肉、骨、皮膚、毛、爪、血液などの組織の材料になる、消化酵素などの酵素、免疫物質、成長ホルモンやセロトニンなどのホルモン、神経伝達物質などとして体の機能を調節する、エネルギー源になるといった働きがあります。

欠乏すると成長の遅れ、痩せる、被毛や皮膚の状態が悪くなる、免疫力の低下、体力の低下などが見られます。過剰だと腎臓に負担がかかったり、肥満の原因にもなります。

✱ウサギとタンパク質

牧草やペレットからもタンパク質を摂取しますが、盲腸便も重要なタンパク源です（196ページ参照）。食事中のタンパク質が多すぎると腸内環境が悪くなったり、盲腸便を食べなくなることがあり、適切な食事によって腸内環境を良好に維持することが必要です。

糖質の役割

糖質は、繊維質と合わせて「炭水化物」といいます。糖質は主にエネルギー源となる栄養素です。体内で最小単位のグルコース(ブドウ糖)に分類されて、全身に運ばれます。糖質の最小単位が単糖(ブドウ糖や果糖)で、これがいくつつながっているかで単糖類、二糖類、多糖類という種類があります。多糖類にはデンプンやセルロースなども含まれます。

糖質は、主にエネルギー源として働き、グリコーゲンとして肝臓や筋肉に貯蔵されます。

欠乏するとエネルギー不足で疲れやすくなり、体タンパク質や体脂肪がエネルギーとして使われてしまうために筋肉が落ちたり、免疫力が低下したりします。過剰だと肥満になったり、糖尿病のリスクが高まります。

❋ ウサギと糖質

「甘いもの」というイメージがありますが、糖質のすべてが砂糖のように甘いわけではありません。グルコースやフルクトースは植物の主要な単糖類で、牧草にも含まれています。エネルギー源として大切なものです。ただし、デンプン質の多給は避けてください。

繊維質の役割

繊維質は動物が持っている消化酵素では分解できず、腸内細菌によって分解や発酵が行われて、消化される栄養素です。

水への溶けやすさによって2つに分けられます。不溶性繊維は保水性が高く、水分を吸収して便の容量を増やします。腸の蠕動運動促進、有害物質の排出などを行います。水溶性繊維はゼリー状になり、コレステロールを吸着します。腸内の善玉菌の栄養となり、腸内環境を整えます。

欠乏すると腸内環境が悪化したり、咀嚼回数が増えません。過剰だと、栄養素の吸収を阻害したり消化率が低下します。

❋ ウサギと繊維質

ウサギにとって、歯の摩耗や消化管の適切な働きを促す繊維質はとても重要です。繊維質のうち細かいものは盲腸でタンパク質やビタミン豊富な盲腸便となり、粗い繊維は硬便として排泄されます。ウサギには不溶性繊維も水溶性繊維もどちらも必要です。

脂　質

脂質は、水に溶けにくく、有機溶剤という特殊な溶液に溶ける物質のことです。脂質は最も効率のよいエネルギー源です。単純脂質、複合脂質、誘導脂質などの種類があります。脂質は脂肪酸という成分で構成されていて、体内で合成できないか合成量が足りないものを必須脂肪酸といい、細胞膜を構成するなど体の構成成分になったり、免疫力や神経伝達に関与するなど体

の機能を維持する働きがあります。脂溶性ビタミンを取り込むのに必要とされたり、皮下脂肪として体温を保持するといった役割もあります。

欠乏するとエネルギー不足になったり、治癒力の低下などが見られます。過剰だと肥満や高脂血症、脂肪肝などのリスクがあります。

❋ウサギと脂質

ウサギのエネルギー源のひとつである揮発性脂肪酸は盲腸での発酵で作られる脂質の一種です。食事中に植物由来の脂質が2.5%あれば必須脂肪酸をまかなえるといわれています。牧草やペレット、野菜にも脂質は含まれています。

ビタミンの役割

必要な量はわずかですが、生命活動に欠かせない栄養素です。体内でも合成されますが、それだけでは不足するので、食べ物から摂取する必要があります。

脂溶性ビタミン（ビタミンA、D、E、K）は脂質に溶けやすく、肝臓や脂肪組織に蓄積するため過剰摂取に注意が必要です。水溶性ビタミン（ビタミンB群、C）は水に溶けやすく、過剰分は尿として排泄されるため欠乏しやすいことがあります。

ビタミンCを体内で合成できない動物もいますが（ヒト、サル、モルモットなど）、ウサギは合成できますし、適切な食生活を送っていれば欠乏の心配はありません。採食量が減るとビタミン摂取量も減るなど、状況によってビタミン要求量に影響があります。

❋ウサギとビタミン

ウサギの盲腸便には、ビタミンB群（ナイアシン、パントテン酸、B12など）、ビタミンKが含まれています。

ビタミンDはカルシウムとリンの代謝に関わり、欠乏すると、くる病や骨軟化症を起こすとされますが、ウサギはビタミンDが欠乏してもカルシウムとリンが効率よく吸収されます。欠乏よりも過剰摂取に注意が必要です。

ミネラルの役割

動物の体はその約95%が炭素、水素、酸素、窒素という元素でできていて、あとの5%に当たるさまざまな元素をミネラル（無機質）といいます。ペットフードのパッケージには「灰分」と表示されています。

ビタミン同様、エネルギー源にはなりませんが、体の構成要素になる、酵素や生理活性物質として体の働きを助ける、浸透圧の調整などさまざまな働きがあります。

主要ミネラル（カルシウム、リン、カリウム、ナトリウム、塩素、硫黄、マグネシウム）と微量ミネラル（鉄、亜鉛、銅、モリブデン、セレン、ヨウ素、マンガン、コバルト、クロム）があります。

鉄の吸収はビタミンCがあると促進されるなど、ほかの成分との相互作用があり、バランスのよい摂取が必要です。カルシウムとリンの比率は1～2:1、カルシウムとマグネシウムの比率は2:1がよいなどとされています。

❋ウサギとミネラル

ウサギのカルシウム代謝は特殊で、カルシウムの吸収にはビタミンDが大きく関わるのが一般的ですが、ウサギの場合はビタミンDに依存せず効率よく吸収されま

す。ウサギの尿が正常でも白濁しているのは、過剰なカルシウムが尿として排泄されるからです。

ウサギに必要な栄養

野生ウサギの食性

ウサギは主に草本植物（草の葉）を食べる動物です。野生のウサギが食べている物としては、「ウシノケグサ、ヤマカモジグサ、メヒシバなどのイネ科植物を好む。十分に食べられないときにだけ、双子葉植物（マメ科とキク科）を食べる」「冬には若い木や新芽を食べる」「栽培された木の中ではリンゴの樹皮を特に好み、サクランボやモモの樹皮も食べる」（『Nutrition of the Rabbit』より）、日本では夏にはスイバ（タデ科）、オオヨモギ（キク科）、ヒゲスゲ（カヤツリグサ科）、ノカブ（アブラナ科）など、秋にはシロザ（アカザ科）、イノコヅチ（ヒユ科）、カモジグサ（イネ科）など、冬にはマサキ（ニシキギ科）が食べられていることが（「ウサギ学」より）記録されています。

ただし野生下とまったく同じ種類の植物を与えることは困難ですし、そうするべきではないともいえます。例えば前述の植物のうち、スイバはシュウ酸が多いですし、マサキは毒性が知られています。野生のウサギは今を生きるために食べられる植物ならなんでも食べるのでしょう。

しかしペットとして飼われているウサギの食事は、飼い主が、ウサギの健康と長生きを目指して選び、与える必要があります。

ウサギの栄養要求量

ウサギの栄養要求量にはさまざまなデータがあり、「これが正解」という数値はありません。おおむねタンパク質は12％前後、繊維質は18〜25％、脂質は1〜5％といった範囲になるようです。成長期や妊娠中・授乳中にはより高タンパクな食事が必要になります。

また、ウサギに必要なカロリー（エネルギー要求量）の計算式として「体重の0.75乗×100」（kcal）というものが知られています。成長期には2倍、授乳期には3倍のカロリーが必要とされます。ただしこれは経済動物としてのウサギを対象としたものですし、ペレットだけを与えているならパッケージに記載されたカロリー表記をもとに計算できますが、実際には牧草や野菜なども与えているので、現実的には摂取させるカロリーを計算するのは困難です。エネルギー要求量はひとつの目安として考えましょう。

ウサギの栄養要求量の例（%）

粗タンパク質	粗繊維	粗脂肪
12	14	2
13	20-25	5
12	20-25	2
12-16	18以上	1-4

ウサギのエネルギー要求量（1日当たり）

体重 (kg)	維持期 (kcal)	成長期	妊娠 初期	妊娠 後期	授乳期
1.4	129	258	174	258	387
1.6	142	284	192	284	426
1.8	156	312	211	312	468
2.0	168	336	227	336	504
2.5	199	398	269	398	597
3.0	228	456	308	456	684

ウサギの基本の食事

定番のウサギの食事

　ウサギの食事についての考え方はさまざまです。飼い主によって、また、獣医師によっても異なる場合がありますし、個体差もあります。ここでは現在、定番とされている食事メニューを取り上げます。牧草（いつでも食べられるようにしておく）、ペレット（一定量）、野菜類（数種類）、水（いつでも飲めるようにしておく）という内容です。

❋牧　草

　牧草は最も大切な食事です。大人のウサギにはイネ科のチモシー一番刈りを与えるのが定番。いつでも食べられるようにしておきます。（牧草について96〜100ページ参照）

❋ペレット

　牧草だけでは不足しがちな栄養素の補給源です。栄養バランスのよい物を与えます。大人のウサギに与える量としては「体重の1.5%」が推奨されています。個体差があるので、そのウサギを見て加減します。（ペレットについて101〜104ページ参照）

❋野　菜

　メニューのバリエーションを増やすことができます。毎日3〜4種程度を、大人のウサギで体重1kg当たりカップ1杯程度を目安にします。（野菜について105〜108ページ参照）

❋水

　いつでもきれいな水を飲めるようにしておきます。（飲み水について111〜113ページ参照）

食事を与える時間帯と回数

　1日2回、朝と夕方〜夜に与えるのが基本です。野生下では夕方から夜明けにかけて採食しており、飼育下での観察では、朝6時と夕方4時から6時にかけてよく食べて

食事メニューの一例

主食：牧草、ペレット、飲み水

副食：野菜類

おやつ

牧草を中心に、バランスのよい食事を心がけましょう。

いるというデータがあります。

　こうしたことから食事は、夕方以降をメインに、朝にも与えます。なお牧草については、ウサギが食べたいときにいつでも食べられるようにしておくべき物なので、日中でも牧草がなくなっているときは補充します。

　食事を与える時間帯はだいたい決めておきましょう。動物の持つ摂食予知反応により、決まった時間に食事を与えていると、体内時計が記憶して、その時間になると消化酵素の分泌が活発になります。また、「いつもならこの時間には食事を欲しがるのに今日はいつもと違う」など、体調の変化にも気づきやすくなるでしょう。

❋ 与え方の一例

朝：その日に与える予定のペレットの4割を与える、ケージ掃除をするタイミングで牧草をすべて新しく交換する、飲み水を交換する

昼：牧草が減っていたら補充する

夜：残りのペレット（その日の予定分の6割）、野菜を与える、牧草を補充する、飲み水が減っていたら交換する

そのほかの食事メニュー

　牧草とペレット、飲み水のみを与え、野菜は与えないという例、野菜や野草を中心に、ペレットは栄養補給としてごくわずかだけ与えるという例、ペレットや牧草ペレットを中心に与える例など、考え方やウサギの置かれている状況などによっていろいろな食事メニューがあるでしょう。

　いずれにしても、十分な繊維質を含む植物を与え、ウサギの体格、排泄物の状態など健康状態をしっかり観察することが重要です。

大切な「食べ物」盲腸便

　ウサギには、牧草やペレット、野菜などのほかにも重要な「食べ物」があります。盲腸便です。盲腸便はウサギにとってタンパク質やビタミンB類などを摂取するための大切な栄養源です。よい盲腸便が作られるためには十分な繊維質が必要ですし、盲腸便を食べ残さないためにはバランスのよい食生活が欠かせません。

主食：牧草

牧草が主食である意味

　牧草はウサギの主食です。繊維質が多く、歯の摩耗や消化管の働きを助け、時間をかけて食べることができて満足感があり、ウサギの健康のために最適といえます。ウサギは歯が伸び続けるので硬い食べ物を与えなくてはならない、といわれることがありますが、必要なのは「歯をよくこすりあわせて食べることのできる食べ物」である牧草です。

　牧草は草食の家畜の主食として長い歴史があり、信頼性も高い物です。

牧草の種類と特徴

　ウサギに与える牧草として最初に挙がるのは「チモシー」です。繊維質が多く、低カロリーなものならほかの牧草もウサギに与えられますが、チモシーを食べることに慣らす意味があります。

　牧草の中では流通量が多く、安定供給されている種類です。輸入品も国産品もあり、選択肢も多いですし、ウサギ専門店や牧草販売店以外の、スーパーマーケットなどで売られている場合もあるなどとても入手しやすい物です。また、例えば災害時のペット用の支援物資として、もし牧草が配給されるとしたらチモシーだろうと思われます。

　家畜の食料として長い実績があるだけでなく、ペットのウサギの主食としても実績が積まれてきました。

　このように、入手しやすさや実績などから、チモシーが牧草を選ぶさいのファーストチョイスになりますし、チモシー以外の牧草を主食にするとしても、チモシーには慣らしておいたほうがよいと考えます。

　ただし、もっと重要なのは「繊維質の多い食事を与えること」ですから、チモシーを食べないウサギならチモシー以外のイネ科の牧草を主食にして問題はないでしょう。チモシーを食べるウサギでも、食べてくれる牧草の種類が多いのはよいことなので、チモシー以外のイネ科牧草も与えるとよいでしょう。

イネ科の牧草

　大人のウサギの主食になる物です。イネ科植物に含まれるケイ酸塩という物質は歯の摩耗を促進し、マメ科よりも繊維質が多く、低タンパクでカルシウムが少ない牧草です。

＊チモシー

　和名はオオアワガエリです。世界中で家畜の飼料として栽培されており、主にアメリカやカナダから輸入されています。国内では主に北海道で栽培されています。

　刈り取り時期によって一番刈り、二番刈り、三番刈りがあります。シーズン最初に収穫する物が一番刈りで、栄養価豊富で繊維質が多いです。刈り取ったあとに同じ株から新たに根ができ、再生した草を収穫した物が二番刈り、その次に再生した物が三番刈りです。収穫があとになるほどタンパク質や繊維質は減り、茎や葉が柔らかくなっていきますが、嗜好性が高くなる傾向があります。大人のウサギに

イネ科

チモシー一番刈り

チモシー三番刈り

イタリアンライグラス

オーツヘイ

クレイングラス

バミューダグラス

マメ科

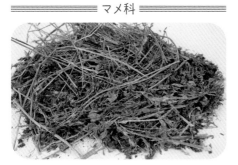

アルファルファ

生牧草

イタリアンライグラス（生）

は一番刈りが適しています。

❋イタリアンライグラス

　和名はネズミムギです。日本で多く栽培されている牧草のひとつです。栄養価にすぐれ、嗜好性が高い牧草です。

❋オーツヘイ

　和名はエンバク(燕麦)です。種子はオートミールの原料です。ほかの牧草より糖質が高く、嗜好性が高いです。「ネコ草」として販売されている植物の多くはオーツヘイです。

❋クレイングラス

　高タンパクで消化が良く、香りのよい牧草です。

❋バミューダグラス

　和名はギョウギシバです。細くて柔らかく、寝床用にすぐれています。歯の悪いウサギや硬い牧草が苦手なウサギにも向いています。

❋そのほかのイネ科の牧草

　香りが高く柔らかいオーチャードグラス(カモガヤ)、不溶性食物繊維を多く含む大麦などがあります。

マメ科の牧草

　イネ科の牧草に比べると高タンパクですが、嗜好性は高いです。

❋アルファルファ

　和名はムラサキウマゴヤシです。牧草としてはルーサンとも呼ばれます。人の食材のアルファルファは、この植物のスプラウトです。高タンパクでビタミンやミネラル豊富、嗜好性が高い牧草です。

　成長期のウサギに適しています。大人のウサギに与えてはいけないわけではな

く、栄養価が高いことからサプリメントのような感覚で、少量与えることに問題はないでしょう。

❋そのほかのマメ科の牧草

　クローバー(シロツメクサ)やアカクローバー(アカツメクサ)などがあります。

牧草のバリエーション

　数種類の牧草やハーブがミックスされたタイプもあります。目先が変わるので、牧草が苦手でも興味を持ってくれたり、飽きずに食べてくれることも期待できます。

　乾燥させる前の牧草を収穫した生牧草は、イタリアンライグラスやチモシーなどが市販されています。嗜好性が高いです。

　ヘイキューブは牧草をキューブ状に固めた物で、アルファルファが多いですがチモシーの物もあります。かじるおもちゃとしても、遊びながら牧草に慣れるためにも与えられます。

長野県ウーリー農園産のイタリアンライグラスをたっぷり使用したペレット牧草

アルファルファを固形状にしたアルファルファキューブ

牧草ペレット(ペレット牧草)は、ほとんど牧草だけ(製品による)をペレット状にした物です。どんなウサギにも与えてよいですが、特に、牧草を食べなかったり食べる量が少ないウサギに向いています。飼い主が牧草アレルギーのときにも助かる物です。

牧草の選び方

牧草はできるだけ新しい物を選んでください。古いとカビが生えていたりダニが発生することがあります。インターネット通販で購入する場合には見て選べませんが、よく売れていそうなショップから購入するのが無難ではあります。

葉の色は緑〜黄緑色がよいとされますが、牧草の種類や収穫時期、収穫場所や乾燥方法などによっても異なります。茶色い葉が多い牧草もありますが、必ずしも古いわけではなく、日が当たらずに枯れた物もあり、栄養価は下がっていても繊維質は十分です。カナダ産のチモシーには茶葉が多い傾向にあります。茶葉のほうが好きなウサギもいます。

よい香りがする牧草が望ましいですが、現実的には開封してみないとわかりません。リピートするかどうかを決めるなど次回に購入するさいの参考にするとよいかもしれません。

牧草の保存方法

いったん開封すると湿気を含んで劣化し、ウサギが好んで食べなくなることもあります。室内の乾燥した、涼しく日が当たらない場所で、密閉容器に移して乾燥剤(カメラ保存用の強力乾燥剤など)を入れて保存したり、チャック付きの袋を用意して最初に小分けを

しておくなどします。

保存時に利用できる鮮度保持剤には脱酸素剤もあります。乾燥剤は水分を吸収し、脱酸素剤は酸化を防ぐために酸素を吸着します。併用はできますが、接触させて使うと効果が低下するので、離して入れてください。

牧草の与え方

常にケージの中に入れ、いつでも食べられるようにしておきます。牧草入れを使う、ケージの床に置くなど、ウサギがよく食べる置き方を見つけてください。

前に与えた牧草がまだ残っていても、新しい牧草に交換することでよく食べることもあります。一日に一度は交換しましょう。

牧草は周りにこぼしたり、金網の下に落としたり、また、食べていなくても交換するなど無駄が出ることもありますが、しかたのないことではあります。

一度に与える量を「〇つかみ分」などと決めておくと、どのくらい食べているのかを知る目安になるでしょう。

換毛期には抜け毛を飲み込むことが多くなるので、いつも以上に牧草を食べてもらうようにして、繊維質の摂取を増やすとよいでしょう。

もっと教えて牧草のこと

❷同じチモシーなのにメーカーを変えたら食べなくなった

特定のメーカーやウサギ専門店のチモシーしか食べないというウサギもいるようです。ウサギは繊細な味覚の持ち主なのでちょっとした違いもわかるうえ、目新し

い物に慎重な場合もあるのです。同じ製品でも、刈り取り時期などの違いで食べないこともあるようです。まずは食べてくれることが重要なので、必ず食べてくれる物を欠かさず与えます。そして、万が一その製品が入手できなくなったときのために、ほかの種類の製品も試していきましょう。

❓ダブルプレスとは何ですか？

牧草は、収穫したあと輸送のために四角くまとめます。輸送のコストを抑えるため、なるべく小さくまとめるのに牧草を機械で圧縮した物がダブルプレスです。葉が落ちたり茎がつぶれたりしていることがあります。同じ一番刈りでも、圧縮の弱いシングルプレスよりも柔らかいので、こちらを好むウサギもいます。

❓虫が混じっていました

異物混入が見られる場合もまれにあります。一般的に、牧草は畑で収穫するとその場で天日干しをし、その場で機械でひとまとめにして輸送されるため、畑にいた昆虫などが混じっていることがあるので

す。異物チェックは行われますが、完全にすべての異物が排除できない場合もあります。

牧草をまとめるビニールひもが混じることもまれにあります。確認しながら与えましょう。異物だけでなく、パッケージ内に入っている小さな乾燥剤や脱酸素剤を牧草と一緒につかんでうっかり与えてしまうこともあるので、確認は大切です。

❓牧草を食べてくれません

ほかの食べ物の量が多い場合があります。おやつを控える、ペレットが多ければ推奨量に減らす、野菜の量を控えるといったことをしたり、夕方などの食欲がある時間帯に、パッケージから出したばかりの香りのよい嗜好性の高い牧草を与えてみます。牧草の与え方（牧草入れのタイプなど）を変えてみる方法もあります。保存方法が適切かどうかも見直してみましょう。

異なる牧草を与えてみるのもよいでしょう。牧草は、チモシー一番刈りではない種類でも、食べてくれることが重要です。ウサギ専門店や牧草専門店では、少量の牧草を購入できるお試しパックやお試しセットも販売されているので、いろいろな牧草を試してみて食べてくれる物を見つけるのもよい方法です。何種類か混ぜて与えてみたり、チモシーのおもちゃで遊ばせるという方法もあります。また、トイレに乗っているときに食べられる位置に牧草入れをセットするという方法も飼育情報として紹介されています。

なお、不正咬合など病気が原因で食べない場合もあるので、動物病院で相談するのも大切なことです。

補助的な主食：ペレット

ペレットを与える意味

ペレット(ラビットフード)はさまざまな原材料をもとに作られている固形の配合飼料のことです。牧草や穀類などを粉砕した物にビタミンやミネラルそのほかの栄養素を添加しています。牧草だけでは不足しがちな栄養を補うことができ、バランスよく栄養を摂取するための、ウサギにとっては大切な食べ物のひとつです。

与える量は多くはなく、補助的な立場ではありますが、主食のひとつといえます。

ペレットの種類と特徴

❋原材料

多くのペレットはアルファルファミール(粉状や粒状になっている物)やチモシーミールといった牧草を主原料にしています。つなぎとして穀類が、ほかには糠糖類などが使われています。

❋砕けやすさ

ソフトタイプとハードタイプがあります。ハードタイプは原材料を固めて作っていますが、ソフトタイプは製造のさい、発泡という工程があるため砕けやすく、ハードタイプよりもウサギの歯への負担が少ないとされます。

❋ライフステージ

成長期用、大人用(維持期といいます)、高齢期用というライフステージ別のペレット

と、ひとつですべての年代に与えられるオールステージのペレットがあります。

ライフステージ別の物は、成長期には高タンパク、高齢期にはカロリーを抑えめにしてあるなど各年代によって変化をつけています。オールステージのペレットは、それぞれのライフステージに応じて量を加減したり、牧草の種類で調整したりします。

❋そのほかの特徴

低カロリーなライトタイプ、飲み込んだ被毛の排出を促すことが期待されるヘアボールコントロールタイプ、品種別や長毛種用、グルテンフリーなどさまざまな種類があります。

ペレットの選び方

成長期のウサギにはアルファルファが主原料のペレット、大人のウサギにはチモシーが主原料のペレットがよいでしょう。大人のウサギにアルファルファが主原料のペレットを与える場合はイネ科牧草を十分に与えてください。

パッケージの表示をよく確認しましょう。イヌネコ用のフードとは異なり、ウサギ用のペレットには表示の規定はありませんが、与え方(体重1kg当たり○%、などの情報)、原材料名(最も多い物が最初に書かれていることが多い)、成分(栄養成分の表示、カロリー)、賞味期限などを確認します。(栄養成分については93ページ参照)

メーカーのホームページも、よく読んでみましょう。

バニーセレクションプロ グロース(成長期用)〈イースター〉
主な成分：たんぱく質 18.0%以上、脂質 2.5%以上、
粗繊維 18.0%以下
主な原料：アルファルファミール、脱脂大豆、えん麦
ほか

ラビットナチュラルオールステージ〈三晃商会〉
主な成分：粗タンパク質 14.0%以上、粗脂肪 2.0%
以上、粗繊維(ADF) 26.0%以下
主な原料：粗挽きチモシー牧草、糟糠類、アルファル
ファ牧草ほか

ブルーム LAB スペシャル(8歳以上)〈WOOLY〉
主な成分：粗たんぱく 13.0%以上、粗脂肪 3.0%以上、
粗繊維 21.0%以下
主な原料(23品目以上)：ティモシー、オーツヘイ、ウ
サギ由来の乳酸菌など

エッセンシャルアダルトラビットフード〈OXBOW〉
主な成分：たんぱく質 14.00%〜、繊維質 25.00 〜
29.00%、脂質 2.00%〜
主な原料：粗挽きチモシー、大豆外皮、大豆ミール
ほか

【新しい考え方のペレット】

DO ラビットフード〈yourmother 合同会社〉
あえて牧草を使わず、牧草だけでは不足する栄養素と
サプリメント成分を配合した「食品規格」のフード。
主な成分：タンパク質 975.6mg、脂質 410.4mg、粗
繊維 28.8mg（1枚あたり）
主な原料：リンゴ果汁、大豆たん白、アマニほか

コンプリート 1.0 〈うさぎの環境エンリッチメント協会〉
ひと月の牧草摂取量から給餌量を決めて与えるフード。
主な成分：粗蛋白質 14%以上、粗脂肪 4%以下、粗
繊維 20%以上
主な原料：チモシー、アルファルファ、オーツヘイほか

ペレットの保存方法

チャック付きなど密閉できるパッケージに入った物はしっかりと閉じて保存します。密閉できないパッケージに入った物は、密閉できるボックスタイプの容器などに入れて保存します。

保存場所として適切なのは、温度変化が少ない、涼しい、湿っぽくない、日光が当たらないといった場所です。なお、冷蔵庫で保存するのは避けてください。出し入れのさいの温度差で結露が起きてペレットが劣化します。

どんなに適切に保存しても、開封して空気に触れると劣化が進みます。容量の小さい物をこまめに買うのもよい方法でしょう。

ペレットの与え方

与える量は、大人のウサギの場合、体重の1.5%が推奨されています（例:体重が1500gなら22.5g）。ただし、注意しなくてはならないのは、すべての大人のウサギにとっての適切な量が「1.5%」なわけではないということです。適量はそれぞれのウサギで異なります。

まずは与えるペレットのパッケージに書かれた規定量を与え、そのウサギが太ったり痩せたりせず、体格が十分に維持できる量に加減していきます。個体によっては「1.5%」では足りない場合もあります。数値だけでなく、ウサギを見て判断してください。これはとても大事なことです。

ウサギの食事

Enquête

ウサギアンケート 11 ペレットの量はどうしていますか？

皆さんにペレットについてお聞きしました。「大人のウサギに毎日与えるペレットの量はどうやって決めていますか？」とお聞きしたところ、61%が体重あたりの割合で、23%が食べきる量を加減して与えているということでした（回答数596名）。体重あたりの割合で決めている場合には、1%台が最も多く、次いで2%台という結果となりました（回答数468名）

毎日与えるペレットの量はどうやって決めていますか？（大人のウサギの場合）

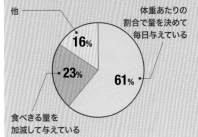

- 他 **16%**
- 体重あたりの割合で量を決めて毎日与えている **61%**
- 食べきる量を加減して与えている **23%**

体重あたりの割合で量を決めている場合、体重あたりおよそ何%ですか？（大人のウサギの場合）

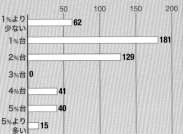

1%より少ない	62
1%台	181
2%台	129
3%台	0
4%台	41
5%台	40
5%より多い	15

一日に与える量のうち朝に4割、夜6割といったように夜に多めに与えるのがよいでしょう。また、アルファルファが原材料のペレットを与えているときは牧草を十分に与えてください。

ウサギによってペレットを食べるタイミングや速さはさまざまで、少し食べては間を空けてまた食べるウサギもいれば、一気に食べ終わるウサギもいます。「いつもの食べ方」を知っておくと、食欲のチェックにも役立つでしょう。

何種類のペレットを与えるか

複数の種類のペレットを与えることをおすすめします。各メーカーは牧草と水以外にはそのペレットだけを与える前提で開発していますが、何かの理由でそのペレットが入手できなくなったり、ほかの種類のペレットを与えなくてはならない状況になったり、中には同じ種類のペレットでもロット（製品を生産する単位）が違うと食べなくなるウサギもいることなどを考えると、日頃からいろいろな種類のペレットに慣らしておいたほうがよいのではないかと思われます。

ペレットの切り替え

味覚が敏感なウサギが多いので、ペレットの種類を変更するときは慎重に行いましょう。以前のペレット（Aとします）がすべてなくなってから新しいペレット（B）を与え始めると、まったく食べなくなることがあります。そこで、Aにほんの少しBを混ぜ、Bも食べるようになったらBの割合を徐々に増やしていく、という方法を行うのがペレットの切り替えの基本です。

ライフステージ別のペレットを与えているときは、切り替え時期がやってくることになりますが、同じメーカーのシリーズだと切り替えやすいでしょう。

また、新しくウサギを迎えるときは、もしもペットショップで与えているペレットと違う種類にしたいと考えている場合でも、まずはショップと同じペレットを与え続け、落ち着いた頃に徐々に切り替えましょう。

なお、急に食事内容を変更しても気にせずに食べるウサギであっても、いきなり大幅に変えると腸内細菌叢のバランスが崩れるおそれがあります。ある程度は時間をかけて切り替えたほうがよいでしょう。

副食

野菜

「牧草とペレット」以外の物を与える意味

ウサギは、野生下では季節ごとにいろいろな植物を食べている動物です。牧草とペレットだけではなく、本来ならウサギの食性に合った多くの食材から栄養を摂取するようにしたほうがよいはずです。しかしそれには適切な栄養バランスを取ることが難しいという問題があります。

ウサギの食事内容についてはさまざまな意見や方法があります。牧草とペレット、水だけでよく、それ以外の物は与えるべきではない、という意見もありますし、主に野菜や野草を与えて飼育しているケースもあります。「草食動物であり、十分な繊維質を含む食事が必要」ということだけは間違いのないことですが、では何を与えるかについての「正解」はないのでしょう。

野菜を与える理由

本書では、ウサギには野菜を与えることをおすすめしています。

野菜は人が食べるために品種改良されていて、野生のウサギが食べている植物とは違うのですが（歯ざわりがよくなったり水分量が増えた、繊維質が軟弱など）、簡単にさまざまな種類を入手できるので、食べられる物の幅を広げるのに役立ちます。自分の目で見て選んだり、旬の食材を選ぶこともできます。たいていの野菜は一年中、購入できますが、旬の時期には栄養価が高まり、露地栽培の物も手に入ります。

牧草やペレットだけでウサギの体の健康を維持することはできても、本来いろいろな植物の味や香り、歯ごたえを感じながら食事をしていたはずのウサギの心の健康のためには、手に入りやすい植物である野菜が欠かせないと考えます。

「野菜を与えてはいけない」といわれる理由のひとつは、野菜で満腹になってしまい、牧草やペレットを食べなくなるというものがありますが、量を加減すればよいことでしょう。

「野菜は水分が多いので下痢をする」ともいわれます。いきなり大量に与えて腸内細菌のバランスが崩れるからではないでしょうか。水をたくさん飲むと尿量が増えるように、野菜をたくさん食べて尿量が増えることはあります。

食べ慣れていないウサギには決して大量に与えないことや、幼いうちは与えないこと、また、個体差はあるので様子を見ながら少しずつ慣らすことが必要でしょう。「与えなくてはならない」物ではないので、無理はしないでください。

与えられる野菜の種類

アブラナ科のキャベツ、コマツナ、チンゲンサイ、クレソン、ミズナ、ルッコラ、カブの葉、ダイコンの葉、ラディッシュ、ブロッコリー、ハクサイ、ナバナ、セリ科のニンジン（根、葉）、セロリ、ミツバ、パクチー、セリ、アシタバ、キク科のサラダ菜、サニーレタス、シュンギク、シソ科のオオバなどを与えること

ができます（記載していない野菜は与えられないわけではありません）。

❋ アブラナ科について

　手に入れやすい葉物野菜の多くはアブラナ科です。「甲状腺腫を引き起こす成分が含まれるので与えないほうがよい」といわれることがありますが、アブラナ科の野菜にはがんの抑制効果も知られています。よほど大量に継続的に与えることでもない限り問題はないと考えられます。

❋ カルシウムについて

　パセリ、ダイコンやカブの葉などはカルシウムの多い野菜ですので、カルシウムの多給を控えなくてはならないときは与えないようにしてください。

❋ 糖質について

　ブロッコリーやカリフラワーは葉のほかに花蕾（人が食べるところ）も与えられますが、糖質は葉野菜よりは多いので、与えるなら少量に。またニンジンの根も糖質が多いので、やはり与えるなら少量にしましょう。

❋ 硝酸塩について

　土壌から吸い上げられて野菜に含まれる硝酸塩という成分のことで反芻動物では大量に摂取すると硝酸塩中毒が知られています。硝酸塩が多めな野菜（コマツナ、ルッコラ、シュンギク、セロリ、チンゲンサイ、ミツバ、サラダ菜など）は、そればかりにならないようにしながら与えるとよいでしょう。

野菜の与え方

　大人のウサギには毎日、3～4種類（ハーブや野草も与えるならそれも含む）を食べやすい大きさに切り、体重1kg当たりカップ1杯程度を目安にして与えます。野菜のうち葉野菜が75％がよいともいわれます。量は牧草、ペレットの食べ具合も見て調整しましょう。

　偏りなく、バランスよく与えます。例えば3～4種類のうち、カルシウムの多い野菜をひとつ入れているならほかは低カルシウムの物にしたり、アブラナ科ばかりにならないようにするなどの方法です。いろいろな野菜をロー

アブラナ科

コマツナ

クレソン

ラディッシュ

ほかにはキャベツ、チンゲンサイ、ミズナ、ルッコラ、カブの葉、ダイコンの葉、ブロッコリー、ハクサイ、ナバナなどがあります。

テーションさせるのがよいでしょう。ある日は
大量に与え、次の日はまったく与えないといっ
たことのないようにしたほうがよいでしょう。

　牧草やペレットの邪魔にならないように野
菜はたくさん与えたいときの方法のひとつとし
て、少し水分を飛ばしてかさを減らす方法
もあります。例えば、朝のうちに野菜を洗っ
てカットした物をザルなどに広げておくと、夕
方にはしんなりしてかなりかさが減るのでそれ
を与えたり、もっと乾燥させたいときは天気が
よい日に干し網に入れて天日干しするという
方法もあります。

野菜を切って広げておくと、水分が飛んでかさが減
ります。

セリ科

ニンジン

セリ

セロリ

キク科

シュンギク

サラダ菜

サニーレタス

シソ科

マメ科

オオバ

トウミョウ

野草とハーブ

野草やハーブは、野菜以上にウサギがもともと食べていた植物に近い物といえます。ただし注意しなくてはならないことがあります。野草やハーブが古くから人々に親しまれてきた理由のひとつは、薬草という側面があるからでしょう。薬効成分がある物を大量に、継続的に与えることには注意が必要です。与えても問題のない物をメニューのひとつとして、また、おやつ程度に少しを与えることに問題はありません。

ただし、何かの病気を治療しようと考えて薬草である野草やハーブを与えることには慎重になってください。気になる症状があるなら動物病院で診察を受け、必要な治療を受けてください。また、人の妊娠中には禁忌とされている野草やハーブも少なくないので、野草やハーブを与えたいと思ったときにはよく調べることをおすすめします。

ハーブでは、アップルミントなどのミント類、バジル、イタリアンパセリ、カモミール、レモンバーム、ローズマリー、マリーゴールド、セージ、タイム、フェンネル、ラズベリーリーフなど、野草ではタンポポ、ノゲシ、シロツメクサ、オオバコ、ハコベ、ナズナ、ヨモギ、チガヤ、アザミなどを与えることができます。

野草を採取する

野草は、野原や土手など、屋外で採取してきてウサギに与えることもできます。私有地では所有者の許可を得てください。

植物図鑑などで調べ、安全な物を選んでください。また、除草剤や農薬などが散布されていないこと、イヌネコの糞便で汚染されていないこと、排気ガスなどで汚染されていないことなどにも注意しましょう。足元がもろい場所や水辺、人が入ると危険な場所での採取も避けてください。

野草を持ち帰ったら、念のために洗ってから与えるほうが安心です。

野草

タンポポ

ハコベ

ハーブ

アップルミント

ローズマリー

カモミール

そのほかの食べ物

そのほかにウサギに与えられる物には、果物や穀類、木の葉があります。

果物は糖分が多く、ウサギにとっては大好物ですが、与えすぎれば肥満のおそれなどもあるので控えめにします。ただ、嗜好性が高い物は食欲を回復させたいときや（病気があるなら治療が必要です）、気分転換などに与えたり、果物に多く含まれるビタミンCは抗酸化作用が期待できるので、上手に利用してください。

リンゴ、バナナ、イチゴ、パパイヤ、マンゴー、パイナップル、ブルーベリーなどが与えられます。種子がある物は取り除きます。

柑橘類は栄養価が高いですが、便がゆるくなることもあるので注意が必要です。

穀類は高カロリーなので、やはり与えすぎはよくないですが、果物と同じように、または食の細いウサギの栄養補給としても与えられます。圧ぺん大麦、殻むきえん麦、小麦などがウサギ用として市販されています。

木の葉は、野生のウサギの食性に近い物です。ビワの葉、クズの葉、クワの葉などは乾燥させた物が市販されています。クヌギやケヤキ、クリの葉などは落ち葉を採取して与えることができますが、種類や安全性（野草の採取と同様）を確かめてください。

こうした食材も野菜などと同様に、最初は1種類を少量だけにしてください。

リンゴ

バナナ

圧ぺん大麦

大麦若葉

クワ

ビワ

クズ

タンポポの葉

季節ごとのハーブや野草をブレンドしたタイプ

ドライ食材

　果物、野菜、野草などを乾燥させた製品が市販されています。

　水分が減っていることで味が凝縮されて甘みが強くなるなど、嗜好性や保存性が高まります。水分が減る分、生の食材と同量でも繊維質の量は多くなりますが、糖質などのたくさん与えるのは控えたい成分も増えることには注意が必要です。野草やハーブのような薬効成分のある物も過剰に与えないよう気をつけてください。

　天日干しをしたり、ドライフードメーカーを使って手作りすることもできます。その場合でも、生の食材とは栄養価が変わることには注意したうえで楽しむとよいでしょう。例えば、ダイコンの皮をきれいに洗って細く切って切り干し大根にしてウサギに与えることもできますが、同量の生の食材と比べると、食物繊維も増える一方でカリウムやカルシウムも増えます。

栄養価の調べ方

　牧草やペレット、ペット用のおやつ類はパッケージに栄養価が記載されていますが、スーパーマーケットなどで購入する野菜には通常、栄養価は書いてありません。ごくわずかな量を与えるくらいならさほど気にしなくてもかまいませんが、たくさん与えたいという場合や、気になる場合は栄養価を調べてみましょう。

　『日本食品標準成分表』は文部科学省が調査、公表しているもので、約5年ごとに改訂されています。書籍として刊行されているほか、文部科学省のホームページ（ https://www.mext.go.jp/ ）に掲載されています。

　牧草など家畜飼料については『日本標準飼料成分表』が刊行されています。

　これらに載っていない食べ物の栄養価がアメリカ農務省の "FoodData Central"（ https://fdc.nal.usda.gov/ ）で見つかることもあります。

乾燥パパイヤ

乾燥バナナ

乾燥レモングラス

乾燥イチゴ

飲み水

飲み水はとても大切

ウサギには必ず毎日、新鮮な飲み水を十分な量、与えてください。

水は生き物にとって欠くことができない物です。動物の体は60〜70%が水分でできており、栄養素や酵素を体内で運ぶほか、多くの役割がある物です。

水分が足りないと脱水状態になる、血液が濃くなりすぎる、尿量が減って老廃物が排泄できない、体温調節ができない、腎不全になるおそれ、また、食欲不振になったり、消化管うっ滞などの心配もありますし、熱中症、子育て中なら母乳の出が悪くなるなどの問題もあります。

ウサギが一日に飲む水の量は体重1kg当たり50〜150mLといわれます。食事内容や環境により、生野菜など水分の多い物をよく食べているとあまり飲まないこともありますし、水分の少ない食べ物、繊維質が多かったり高タンパクな物を食べているとよく飲むといわれます。空気が乾燥しているようなときも飲む量が増えます。

飲み水の種類

水道水で問題ありません。日本の水道水は水質基準が厳しいのでそのまま飲ませることができます。ただし、水道管やタンクの影響で水質が悪くなることはあります。

水道水そのままだと気になる場合は、汲み置きをしたり、湯冷ましを作ったりするとよいでしょう。汲み置きは、ボウルなどのなるべく口の広い容器に水道水を入れて、一晩、放置します。太陽光線に当てたほうが効果があるともいわれます。湯冷ましは、お湯を沸かし、沸騰したら蓋を開けて換気扇を回しながら10分以上、弱火で沸騰させ、常温に冷ましてから与えます。いずれも、塩素が抜けてしまい、傷みやすくなるので、交換はこまめに行います。

浄水器を使っている場合は、カートリッジ交換やホースの掃除などをこまめに行います。ウォーターサーバーを使っている場合、軟水なら問題なく与えられます。ミネラルウォーターも軟水なら与えられます。市販のペット用の水もあります。

硬水はミネラル分が多いため、軟水のほうがよいとされています。硬度(カルシウムとマグネシウムの含有量の基準)が高い物が硬水で、日本の水道水は軟水です。

カルシウム分の少ない水

ウサギ用の水

電解質を調整した、水に溶いて与えるタイプ

飲み水の与え方

ノズルタイプの給水ボトルが一般的です。食べ物のかすや抜け毛、排泄物などで水が汚れることなく与えられます。

一日に1回は交換しましょう。そのさい、食べかすがノズルから逆流して水が汚れることがあるので、水を流しながら先端をつついて洗いましょう。水を交換してセットしたら、水が出ることを確かめてください。

飲みやすい位置（高さ）にセットします。

初めて給水ボトルを使うときはノズルの先をつついて水を出して、水が出ることを教えてあげましょう。

水に果汁を混ぜるなどして味をつけ、飲むことを覚えさせる方法もありますが、何かを水に混ぜている場合（栄養剤なども）、給水ボトルの内側が汚れやすいので、よりていねいな掃除が必要になります。

飲み方を覚えないとき、高齢になったり体の具合によってボトルから飲むのが大変そうなときは、受け皿に水がたまるタイプの給水ボトルやお皿で与えます。お皿タイプで与えるときは水が汚れないようこまめに交換してください。

水分の多い食べ物を与えているわけでもないのにあまり飲まないときはお皿で与えてみてください。

毎日どのくらいの量の水を飲んでいるのかは、厳密でなくてよいので見ておきましょう。生活になにも変化がないのに飲む量が極端に減ったり増えたりしたときは、健康状態をよく観察し、診察を受けたほうがよい場合があります。

どうするのがよい？ 水の飲ませ方

ウサギへの水の与え方として、ノズルタイプの給水ボトルではないほうがよい、といわれることが多くなっています。ここではそのことについて考えてみましょう。

ウサギは本来頭を下げて水を飲むので、そのようにして飲めるようにするのが自然な形です。お皿で与えることができるなら、ウサギは自然な姿勢で水を飲むことができます。

ところが、お皿で水を与える場合の問題としては、お皿をひっくり返してこぼしたり、ウサギが手足をお皿に入れてしまったり、また、食べ物のかすや排泄物、抜け毛が水に入ってしまい、ウサギが汚れた水を飲むことになることなどがあるでしょう。お皿から飲むと顎の下が濡れるため、飼育環境が不衛生だと湿性皮膚炎などの心配もあります。また、例えば暑い日に飼い主がお皿で水を与えてから外出するようなとき、すぐにお皿をひっくり返していたら、ウサギは何時間もの間、水を飲むことができません。

ノズルタイプの給水ボトルであればこうした心配は少なく、水を常にきれいな状態で与えることができます（中には給水ボトルを外してしまうウサギもいますが）。

ノズルタイプでないほうがよいといわれる理由は、ノズルタイプだと高齢になって首を上げて飲むのがつらくなったり、神経症状などがあって飲みにくくなったりすることによって、水分摂取量が減ってしまうことが心配されるからです。

ですから、こまめに水の汚れをチェックし、汚れていたら交換できるのであれば、お皿

や、受け皿がついているタイプの給水ボトルで与えるのが理想的とはいえるでしょう。

しかし、こまめに点検できないこともあるでしょうし、留守番させるときやどこかに預けるようなときにノズルタイプの給水ボトルを使えないと困ることもあるので、ノズルタイプの給水ボトルから水を飲むことを覚えてもらうのも必要なことだと思われます。

そこで、例えば、問題なく飲めているうちはノズルタイプの給水ボトルを使い、ある程度年齢を重ねてきたら、徐々に慣らしたうえでお皿タイプに切り替える、人の留守中はノズルタイプの給水ボトルで与えておき、帰宅したらお皿から水を与えて水分補給する、お皿タイプで与えたうえで、こまめに点検する、などの方法が考えられるでしょう。どのウサギにも通用するひとつだけの方法はないので、各家庭で判断する必要があるでしょう。

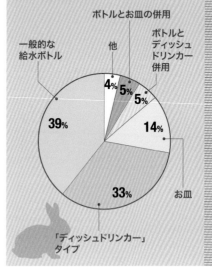

ウサギアンケート 12
飲み水はどうやって与えていますか?

皆さんに飲み水はどうやって与えているかについてお聞きしました。一般的な給水ボトルで与えている方が39%と最も多かったですが、ボトルにお皿のついたディッシュドリンカータイプの方も33%と多くなっています。

- ボトルとお皿の併用
- 一般的な給水ボトル
- 他
- ボトルとディッシュドリンカー併用
- 4%
- 5%
- 5%
- 39%
- 14%
- 33%
- お皿
- 「ディッシュドリンカー」タイプ

ウサギの食事

飼育下では野生下とは異なる水の飲み方になる。無理なく飲める方法を。

食事の与え方の工夫

工夫が必要な意味

野生のウサギは一日のうち多くの時間を食べ物を探し、食べる、という行動に費やしていますが、家庭にいるウサギはなんの行動もすることなく、飼い主によって食事が用意されます。ウサギはケージの中に食べ物がやってくるのを待っていればよいだけです。飼育しているのですからそれは当然のことですが、これだと「食べ物を探す」という機会がウサギにありません。

食べ物を探すという行動は環境エンリッチメント(77〜79ページ参照)のひとつです。与え方を工夫して、食べ物を探す行動を取り入れましょう。探餌行動(フォレイジング:foraging)といいます。フォレイジングは、ウサギに頭も体も使わせる、とても大切なことのひとつです。

食べ物探しの例

いろいろやり方が考えられますが、基本的な例としてはこのようなものがあります。

❶大好物をウサギがすぐに見つけられない場所に隠す

牧草でできたおもちゃなど、かじっても問題のない素材でできたおもちゃにおやつやペレットなどを隠して、探させたり、部屋で遊ばせるときにトンネルや隠れ家を配置しておき、そこに好物を置いておいて探させます。

❷ペレットや野菜を部屋のあちこちに置いて与える

食事の時間になったら、自分であちこちを探し回って見つけてからでないと食事ができないようにします。お皿をいくつも置いたり、問題がなければ床に撒いて探索させることもできます。

❸埋もれた食べ物を探させる

箱に柔らかい牧草を入れ、そこにおやつやペレットなどを埋め込んでおくと、ウサギが掘りながら探します。

❹箱などに隠す

紙類をかじって破いても食べないウサギなら、わら半紙のような紙におやつをくるんだり、折り紙の要領で箱を折って中におやつを隠して探させます(紙を食べてしまうようならやめてください)。

❺市販の知育玩具

78〜79ページで紹介しているような知育玩具を使うこともできます。イヌネコ用の知育玩具のうち、かじって食べてしまうようなことがなく、安全に使えるのならウサギにも利用できますが、ウサギ用ではないことを念頭に、注意して利用してください。

食べ物探しの注意点

食事はしっかり食べてもらうことも大切なので、毎回の食事のたびに「食べ物探し」を取り入れるのではなく何日かに1回でもよいでしょう。

個体差もあり、よく食べて太りやすいような個体には、運動の時間を増やすために毎回、食事は部屋のあちこちに置いて与えるのもよいかもしれません。

食が細いウサギには落ち着いて食べられることも大切なので、食べ物探しはたまに行う程度にしたほうがよいですが、食べ物探しをして頭も体も活発に動かすことで、食欲が増すこともあるかもしれません。高齢の場合も同様です。

食べ物を隠す場所は必ず安全なところにし、高い場所や家具の隙間などの狭い場所には隠さないようにしてください。

隠した食べ物は残しているようならすべて回収してください。

そのほかの工夫

そのほかにも、食事のときに取り入れるとよい工夫があります。

❁ ペレットを食べるのに時間をかけさせる

ペレットをがっついて食べる傾向のあるウサギがいます。高齢になってきて、ペレットを口に入れる速度と食べて飲み込む速度が合わなくなってくるのか、むせることがあります。若くてもそういう場合があるようです。そういった個体には、時間があれば一粒ずつ手から与えてもよいですが、例えば、ペレットを与えるときに細かくカットした牧草を混ぜ込むと、少し時間がかかるのでむせるのを防げるかもしれません。

❁ シリンジフィーディングに慣らしておく

看護や介護のさい、シリンジ（針なし注射器）から食べ物を与える必要がある場合があります（225〜226ページ参照）。しかし急に行うのは、飼い主もウサギも慣れておらず大変です。おやつ代わりに、少量の無添加の野菜ジュースやリンゴの絞り汁などをシリンジから飲む練習をしておくのもよいでしょう。これは強制給餌として行うわけではなく、シリンジの先から出てくる物をなめ取ることを知ってもらえばよいので、無理しないでください。

「おやつ」について

ウサギのおやつは「大好物」のこと

　私たちは、おやつというと甘い物やスナック菓子などの「食事ではない物」だと考えるのが一般的で、多くの場合、糖質や脂質が多く、たくさん食べすぎるとあまりよくないような物のことをおやつだと思うことが多いでしょう。

　そのためか、ウサギのおやつも「甘い物」を選ぶことが多いのではないでしょうか。甘いおやつをついついたくさん与えすぎ、太らせてしまったり、本来食べるべき食事を食べずにおやつばかりねだるようになってしまうこともよくあります。ウサギは食事とおやつを区別して考えてはくれないので、甘いおやつを食べるのを控えようとはしてくれません。動物は本能的にエネルギー源となる甘い物を欲するともいわれます。

　おやつを与えることは飼い主の楽しみでもあり、ウサギとのコミュニケーションツールでもありますから、おやつをあげるのをやめることはできないだろうと思います。

　そこで、おやつを「ウサギの大好物」のことだと考えていただきたいと思います。そうなると、必ずしも甘い物であるとは限りません。

　例えば、セロリの葉が大好きならそのウサギにとってセロリの葉は食事でもありおやつでもありますし、ペレットが好きなら同じように、ペレットは食事でもありおやつでもあります。

おやつはこんなときに

　おやつは、ウサギとの距離を縮めるのに役立ちます。

　ウサギに限らず動物は、食べ物という生きるのに関わる物をくれる人になつく傾向があります。食べ物をくれるうえに、それが好きな物であればなおのことです。飼い主が手から与えることで、ウサギは「飼い主のそばにいるとよいことがある」と感じ、距離が縮まります。

　ご褒美や気分転換にもなります。例えば、爪切りを嫌がるウサギは多いですが、終わったあとでおやつを与えることで、気分転換してもらいましょう。

　名前を呼んで来たときにおやつを与えていると、呼ぶと来るようになることが多いでしょう。遊ばせたあと、ケージに戻ったらおやつを与えたり、キャリーバッグの中でおやつを与えたりして、「よいことがある場所」と認識してもら

うこともできるでしょう。

おやつは食欲回復のためにも与えられます。病気で食欲がないときは当然、治療が必要ですが、病気ではなく、ちょっと食欲が落ちているようなときに、好きな物を食べることで食欲回復することもあります。

おやつは投薬のときに利用することもできます。（223〜224ページ参照）

おやつになる食べ物

前述のように、野菜やペレットが好きならそれもおやつにできます。その日に与える予定の食事の中からおやつ分をより分けておけば、与えすぎになることはありませんし、手から与える機会が多ければよいコミュニケーションにもなります。

市販のウサギ用おやつでは、乾燥させた果物類などが代表的な物でしょう。糖質の多いおやつは、与える量に気をつけてください。

注意したいのはクッキータイプの市販のおやつです。ウサギに与えても問題のない原材料で作られた物と、糖分や油脂分の多い物があり、前者はおやつとして問題はないですし、工夫して「手作りクッキー」を作っている家庭もあります。後者はウサギには適していません。

また、人の食用のドライフルーツでも、無添加の物なら自分が食べるときにウサギに少量をおすそ分けしてもかまいませんが、糖分を添加してある物はウサギには与えられません。

与えてよいおやつの範囲でいろいろな物を与えてみながら、そのウサギの大好物を見つけておくと役に立ちます。

=== おやつにできるもの ===

嗜好性の高い牧草

好物のペレット

野菜

ハーブ

果物

ドライ食材

ウサギに与えてはいけない食べ物 |

食べさせないよう注意して

ウサギに毒性のある物や健康を害するおそれのある物を与えないように注意しましょう。毒性のある物を食べてしまったときに吐かせるという対処方法がありますが、ウサギの場合には難しいことです。危険性のある物をウサギに与えたり、うっかりウサギが食べてしまうような状況を作らないようにしてください。

毒性のある物

* チョコレート：カカオに含まれるテオブロミンによる中毒があります。症状は興奮、嘔吐、下痢、昏睡など。
* ジャガイモ（芽、緑の皮）：ソラニンやチャコニンによる中毒があります。症状は吐き気、腹痛、下痢、頭痛、重度では神経症状など。
* ネギ類（ネギ、タマネギ、ニンニク、ニラなど）：有機チオ硫酸化合物による中毒があります。症状は貧血、下痢など。
* アボカド：ペルシンによる中毒があります。症状は呼吸困難、窒息など。
* 生のマメ（インゲンマメなど）：レクチンによる中毒があります。症状は吐き気や消化器症状など。
* バラ科の果物の種子：バラ科サクラ属（サクランボ、ビワなど）の熟していない果実や種子のアミグダリンによる中毒があります。症状は悪心、嘔吐、神経症など。

そのほかの食べ物

そのほかにも、人の嗜好品（お菓子、ジュース、アルコール類、コーヒーなど）は与えないでください。過剰な糖分、脂肪分、塩分などが含まれ、カフェインやアルコールには中毒のおそれがあります。牛乳は乳糖を分解できずに下痢をするおそれがあります。幼いウサギにミルクを与える必要があるときはペット用ミルクやヤギミルクを与えます。

また、当然のことですが腐敗したりカビが生えたりしている物は与えないでください。

与えてもよい物でも、例えばお湯で流動食を作ったり、冷凍しておいた食材を与えるようなときは熱すぎたり冷たすぎないよう注意してください。また、それまでに食べさせたことがない物を与えるときは、急にたくさん与えず、少しずつ与えて様子を見ましょう。

気をつけようね！

ライフステージ別の食事

シニアウサギの食事

何歳になったらシニアだと考えるべきかは個体によります。

シニア用のペレットは「5歳以上」となっている物が多いですが、5歳になった誕生日のその日から急にシニアになるわけではなく、5歳になったら絶対にシニア用に切り替えなければならないわけでもありません。

そのウサギが元気があり、食欲に変化がなく、しっかり食べていて、太ったり痩せたりもせず、健康状態に変化がないなら、無理にペレットを替えなくもよいのです。牧草も同様で、チモシー一番刈りをよく食べているのに、「シニアになったから柔らかい物のほうがよいだろう」と考えて三番刈りに変更してしまうと、衰えていない噛むための顎の筋力を弱めることにもなりかねません。

とはいえ生き物ですから、見えないところで変化（老化）は進んでいるかもしれません。食べ物の内容を切り替える時期、というよりも「そういったことを考えたほうがよい年齢になった」と思って、運動量の変化、体格の変化、食べる量の変化、便の変化などの観察をこまめにするとよいでしょう。

一般的には、シニアになると運動量が減って太りやすくなるので、シニア用のペレットは低カロリーで、免疫力を高める効果が期待される機能性成分が添加されています。

食べる量が減って痩せてくることもあります。硬い物が食べにくくなるので、より砕けやすいペレットにする、嗜好性が高いペレットにする、カロリー補給にアルファルファも与える、などが必要になることもあります。

気になることがあれば、かかりつけの獣医師とも相談をするとよいでしょう。

かなりの高齢になってきたら、体のためだけでなく、ウサギの幸せのための食事、と考えることもできるかもしれません。食べる楽しみのために、与えてよい食べ物の中で嗜好性の高い物を積極的に与えるというのも、ひとつの考え方でしょう（シニアウサギの食事については225ページも参照）。

食べやすい環境か確認を

食器や牧草入れの位置が食べやすいようになっているか確認しましょう。牧草を引っ張り出すよりも、下にある物を食べるほうが楽になる場合もあります。給水ボトルについても、ノズルタイプの物だと飲みにくくなることがあります。十分な水分を摂取するのは大事なことなので、飲ませ方を変える必要があるかもしれません。（飲み水の与え方については112～113ページ参照）

大人のウサギの食事

ライフステージ別のペレットでは、維持期（メンテナンス）を与える時期です。

牧草を十分に与えましょう。チモシーのほかにも、ほかの種類のイネ科牧草や、与えてよい野菜も試し、食べられる食材を増やしておきます。大好物が何かも知っておきましょう。シニアになって食が細くなってきたときなど

ch
05

ウサギの
食事

に、これなら食べてくれるという食材があるのはとても心強いものです。

フォレイジング（114～115ページ）などを取り入れて頭も体も使ってもらい、「健康の貯金」をたくさんしておきましょう。

子ウサギの食事

成長期なので高タンパクな食事を十分に与えましょう。アルファルファが主原料のペレットや、ライフステージ別なら「成長期用（グロース）」を与えます。

ペレットは大人のウサギのように量を制限する必要はなく、そのウサギが食べたい分だけ与えて問題ない時期です。ただし、朝に与えた分が夕方にはなくなる、夕方に与えた分が朝にはなくなるくらいの量が適量です。

適切な食習慣を身につける時期でもあります。牧草はアルファルファを与えます。食事の繊維質が多すぎるとミネラルなどの栄養素の摂取を妨げるということもあるようです。朝夕それぞれ1つかみ程度が目安とされます。

生後3～4ヵ月をすぎて、「牧草とペレットを食べ、水を飲む」という食習慣が身につき、健康面で問題がなさそうなら、そろそろ野菜などのほかの食べ物にも慣らしていきましょう。一日に1種類をごく少しだけ食べさせて様子を見ることから始めます。ひとつの種類を1週間続けるとよいとする資料もあります。

子ウサギの時期にペットショップから迎えることが多いでしょう。ショップで食べていたペレットと違うペレットを与えるようにしたいと思っている場合でも、最初は同じ物を与え、しばらくしてから切り替えるようにします。

子ウサギから大人のウサギへの時期の食事

徐々に大人のウサギの食事内容に切り替えていきましょう。成長度合いにより、生後3～4ヵ月以降、あるいは生後半年をすぎて、体つきがしっかりしてきたら、そろそろペレットの量を時間をかけて制限していきます。その時点でペレットのパッケージに書かれている規定量よりも多く与えている場合は、まずは少しずつ減らしていき、規定量を与えるようにします。急に減らすようなことはしないでください。

牧草は、アルファルファを減らし、チモシーを少しずつ増やしていき、その割合を徐々に変え、生後1年くらいまでにはチモシーだけにできるとよいでしょう。

この時期も、いろいろな牧草や野菜を試してみて、食べられる物の幅を広げましょう。

成長過程には個体差があります。不安なことがあればかかりつけの獣医師と相談するとよいでしょう。

食事のことをもっと知りたい

食事はウサギの体のためにも心のためにも大事なものですし、ウサギと飼い主との大切なコミュニケーションツールでもあります。ウサギの食事にまつわる情報をもっと知りたいという方におすすめします。

『新版よくわかる
ウサギの食事と栄養』

大野瑞絵[著]
誠文堂新光社[刊]

● 今まではペレットは朝夜の一日2回でしたが、病気をしてからは、さらに分けました。現在は、朝2回、夜2回で全体の量は変わっておりません。おやつとしてニンジンの葉っぱ、イタリアンライグラス、フェンネル、イタリアンパセリ、日々のおやつをプランターで栽培しています。ちょこっとあげたいときに便利です。牧草はハサミで少し短くしてあげるとよく食べてくれます。（つねかぁさん）

● ペレットは一日分を3回に分けて与えています。牧草はチモシー1番刈り、オーツヘイを中心に数種類の牧草を与えています。その日の気分によって食べる牧草が違うようです。生牧草の栽培キットでいつも新鮮な生牧草をおやつに食べられるようにしています。給水器はへやんぽスペースを含め、3種類(ボトルタイプ2種、お皿タイプ)を準備して、好きなところで飲めるようにしています。（うさぎのうみちゃんねるさん）

生牧草の栽培キットで作った生牧草をおいしくもぐもぐ。

● 食事はチモシー一番刈りから与え、後半にオーツヘイやイタリアンライグラス、その後ペレット、食後にサプリメントの順番です。チモシーフィーダーを大きく平たい陶器の物に変更したら、よりたくさん食べてくれるようになりました。チモシーもペレットも輸入だけに頼っているとコロナ禍のさいに貨物が減って入手困難になることが

あり、それらを懸念して当初からブレンドして与えておいて大正解でした。（こてつさん）

大きく平たい陶器のチモシーフィーダーにしたらよく食べるように。

● 牧草をよく食べるように、マットへ直置きし、その都度少しずつ出しています。ペレットをあげる前に、牧草を食べてもらいます。ペレットも1日3度に分けて与えています。牧草を食べてほしいので、基本的におやつは与えず、「ご褒美牧草」として少し贅沢なイタリアンライグラスやウィートヘイなどを特別に、ほんの少し、おやつとしています。へやんぽ中にトイレで排尿がちゃんとできたご褒美に与えています。

うちのウサギも、若い頃はUS1番(チモシー)を山盛りよく食べ、便も大量にしてくれましたが、体調を崩し、今では不正咬合となり、ウサギの飼育は本当に難しいと痛感しております。
（小枝さん）

● 獣医師に相談して、ペレットをあげないことにしました。代わりに毎日生野菜をあげています。前の子がペレットを受け付けない体質(巨大結腸症ではないかといわれていました)だったことから、私自身がペレットに抵抗を感じてしまうようになったためです。生野菜は、サニーレタス、フリルレタス、ミツバ、セロリ、ニンジン(葉も)、パクチー、サラダ菜、アシタバ、ブロッコリーの葉、キャベツなど、一日5〜6種類

くらいで、少量ずつを混ぜて、ひとつの野菜に偏らないようにしています。あげたことのないものは獣医さんに相談したり、書籍（『よくわかるウサギの食事と栄養』）も参考にしています。（ランプさん）

- 自動給餌器を使い、定時に定量ペレットを与えています。自動給餌器はPETKITのフレッシュエレメントミニという商品で、本来はイヌ・ネコ用ですがウサギのペレットでも問題なく作動しました。以前は仕事の関係で給餌が遅い時間になったり、手づかみでざっくりした量をあげていましたが、今は規則正しく給餌できています。ウサギもストレスを感じることがなくなったんじゃないかな、と思います。（ゴンチャロフさん）

自動給餌器でお食事中。決まった時間に食べられて安心。

- 田舎なので家庭菜園の葉っぱ類をいただくことも多く、また、家にも少し生えているので、野菜や野草の量が多いかもしれません。毎日、夜、または昼夜、何かしら与えています。シュンギクなら2本ずつくらいを切らずにそのままです。
  ペレットは朝晩大さじ1杯と決めています。2匹いて、一緒にへやんぽもしていますが、ペレットだけは自分のケージで食べてもらいます。以前、へやんぽをしながら一緒にご飯にしていたら、食いしん坊なほうが相手の分まで食べてしまったので、今は2匹とも足が悪く、太らせてはいけないので、ご飯は自分の部屋でと決めて

います。おかげで、ケージに戻るのも嫌がりません。（MOGUさん）

- ヨモギが好きなので、冬期用に、軽く蒸したものを乾燥させて備蓄しています。

（黒うさ飼いさん）

 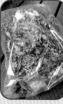 

干し網を使って天日干しで乾燥。　乾燥剤を入れて保存します。　春が旬のヨモギを冬にもおいしく食べられます。

- 食事は年齢（半年、1年目、3年目、5年目、7年目、9年目）でちょこちょこ最適なものに変えてきました。幼少期は栄養たっぷり、成年期はダイエット、老齢期は体重減少防止のために多めにするといった具合です。うちでは基本実のものはあげず、葉物にしてます。特に8歳くらいからは介護のことも考え、いろんなハーブを含む葉っぱや野菜を食べてもらっています。

（うさぎのもふの母さん）

- 春夏の間は好物のバジルをプランターで育てています。また、人間がリンゴを食べるさいにほんの少しだけウサギさんにも与えていますが、すぐに食べ終わりこちらを恨めしそうに見ているので、人間が食べ終わってからウサギさんに与えるようにしています。

（テトラ専属なで係さん）

- ラビットフードは朝晩2回を小分けにしています。お腹の中の水分量が極端に減って詰まらないようにするためや、うっ滞を疑ったときに余分なおやつではなく、あげる予定＆大好きなものでチェックできるようにするためです。その都

度手からあげることでコミュニケーションツールにもなります。

　栄養が偏らないようにし、万が一体調が悪くなったときに食べられる選択肢を増やすため、野菜を毎日5種類程度与えています。

（saoriさん）

○ 牧草の好みを把握して、ロットによってチモシーを複数種類用意しています。「硬くて食べたくない」「香りが好きじゃない」など、グルメなウサギさんの要望に対応するためです。うちの子は生野菜をあまり好まないので、小さくカットしてオーブンで乾燥させてから与えています。甘くなるのか、よく食べます。おやつとして日頃から与え、食欲のないときも食べてもらえるものをいろいろと探っています。（W.Nさん）

オーブンで乾燥させたニンジン。

おいしい顔で乾燥ニンジンをいただきます。

○ ペレットもチモシーも好き嫌いが激しく好みがハッキリしているため、いくつか好きなものを常備して、飽きたときにすぐに別の好みの食事が出せるようにしています。（さちこさん）

○ 牧草は入れすぎずに、なくなる寸前に出すようにしています（入れすぎると選り好みをするため）。同時に牧草ペレット（オリミツの「チモシーペレット100」）を食器に入れておくと、万が一牧草がなくなったときに代用牧草として食べることができるし、食感の変化を楽しめます。牧草ペレットを一日に30〜40g入れておくと、早い子は一日で完食します。わが家はこれを与えるようになってから、うっ滞にならなくなりました。

（ゆいままさん）

○ 畑があるので、いつでも新鮮無農薬の野菜をあげることができます。がしかし……今いる子は生野菜を食べないので、干してからあげています。いつか新鮮野菜のおいしさに、気づいてほしいです。（ゆみさん）

畑で無農薬野菜を栽培中。

せっかくの新鮮野菜なのに食べてくれないので干しています。

干し野菜が好きなんです。

COLUMN ❻ 小さなキッチンガーデニング

これも「手作り」野菜

おいしい食べ物はウサギとの楽しいコミュニケーションの時間に欠かせないもののひとつでもあります。その食べ物を作ることから自分でできたら楽しいことでしょう。なかには家庭菜園で本格的な野菜作りをしてウサギに与えている方たちもおられます。

ここでは、簡単に取り入れられるちょっとした「野菜作り」をご紹介します。ウサギに一度にたくさん与えるのには不向きですが、育てた野菜をウサギに食べてもらうという楽しさがあるでしょう。どちらの方法でも、葉っぱが伸びてきたらウサギにおすそ分けできますし、食卓の彩りにも加えられますね。

カンタン再生野菜

野菜のヘタや茎からまた生えてくる葉を育てる再生栽培。最近ではリボーンベジタブル（リボベジ）とも呼ばれ、SDGsの面からも注目されています。

ニンジンやダイコンなどはヘタをカットして（1〜2cm程度）、お皿などの容器に入れ、ヘタにかぶらない程度の水を張り、日当たりのいい場所に置きましょう。セロリやコマツナなどは筒状の容器に入れたり、ウレタンスポンジに埋め込むようにして水につけます。腐敗を防ぐため水はこまめに交換しましょう。

カンタン水耕栽培

土を使わず種から育てます。ブロッコリーやルッコラなどのスプラウト用の種を入手して水耕栽培します。スプラウト栽培用の容器も市販されていますし、お皿などにキッチンペーパーやスポンジなどを敷いて水を吸わせ、そこに種を蒔くことでも育てられます。

発芽するまでは薄暗い場所に置き、5cmほどに伸びてきたら日当たりのいい場所に置いて育てます。こちらも水はこまめに交換を。

市販の栽培セット

ウサギ用として野菜や牧草の栽培セットが市販されているので活用するといいでしょう。ネコ用の「ネコ草」はオーツヘイなので、これもウサギに与えることができます。

ベランダ栽培で新鮮なグリーンをもぐもぐ。

PERFECT
PET
OWNER'S
GUIDES

Chapter 6

ウサギの世話

毎日行う世話

毎日の世話が飼育管理の基本

　毎日の世話は飼育管理の基本です。ウサギの健康を守るためにはもちろん、人の生活環境を衛生的に維持するためにも欠かすことができません。適切な世話を行うことは飼い主の大きな責任のひとつです。

一日の世話スケジュール

　世話をする手順は、ウサギの生活パターン（朝と夕方に活発）を基本に、飼い主の生活パターンも加味しながら、それぞれの家庭ごとに合った手順を決めてください。

　動物は体内時計があってそれぞれに規則正しい生活をしています。毎日だいたい同じような時間帯に世話をすることで、ウサギの健康状態に「いつもと違う」ことがあったときにも気がつきやすいでしょう。ここでは一日の世話の流れの一例を見てみます。

❶朝になったら部屋を明るく

　ウサギに「おはよう」と声をかけ、ウサギのいる部屋のカーテンを開けて自然光を感じられるようにします。体内時計をリセットするために光は重要な要素です（ウサギの体内時計は24時間前後とする資料があります）。

　ケージにカバーをかけたり衝立を置いているなら取り外します。防犯上の問題がなければ、ウサギのいる部屋のカーテンを開けたままにしておけば、夜明けとともに室内が明るくなります。日当たりのよくない部屋なら電気をつけて明るくしましょう。

❷トイレ掃除をしながら健康チェック

　排泄物の状態を確認し、トイレ砂やペット

毎日の手順の一例

【朝】
朝になったら部屋を明るく❶
トイレ掃除をしながら健康チェック❷
ケージ内の汚れがひどいところは掃除❸
食事の片づけと準備、健康チェック❹
飲み水の確認と入れ替え❺
その日の気温チェックと対策❻

【夜】
トイレ掃除をしながら健康チェック❷
ケージ内の掃除❼
布製品などの安全点検❽
運動、コミュニケーション、健康チェックの時間❾
グルーミングの時間❿
食事、水や牧草の交換、補充⓫
世話や遊びが終わったら暗くして⓬
室内の点検⓭

シーツの交換をします。

トイレ掃除は、トイレを覚えているどうか、排泄物の量、トイレ砂やペットシーツの機能などによっては朝だけ、または夜だけでもいいですが、一日一度は必ず行います。

トイレトレーニング中は、汚れたトイレ砂は少し残しておき、それ以外の場所に排泄していたらにおいが残らないようにします。

❸ケージ内の汚れがひどいところは掃除

朝は忙しくて時間が取れない場合も多いかもしれませんが、ケージ内のトイレ以外の場所で排泄をしていたり、抜け毛が多いときなどはさっと掃除しておくといいでしょう。

❹食事の片づけと準備、健康チェック

ペレットや野菜の食器をケージから取り出しながら、食べ残しがないかをチェックし、残っている物は処分します。朝、与える分のペレットを食器に入れます。

牧草をどのくらい食べたか確認したうえで補充します。

ケージ内に食べ物を入れたときの食欲の様子をチェックします。ペレットをすぐに食べ終わる個体もいれば、時間をかけて食べる個体もいます。そのウサギの「いつもどおり」かどうかを確認しましょう。

❺飲み水の確認と入れ替え

飲み水をどのくらい飲んでいるかをチェックし、ボトル内の水を入れ替えます。ケージにセットしたら、水が出ることを確認しましょう。

❻その日の気温チェックと対策

日中は外出するなら、留守中の予想最

高気温を天気予報でチェックし、対策をしておきます。

夏場なら基本的にはエアコンをつけたままにしておきますが、春の終わり頃や秋の初め頃は、朝は涼しくても日中暑くなることもあるので、必要に応じてエアコンのタイマー設定などをしておきましょう。

冬場、夜間に外出するときは予想最低気温も確認を。エアコンを暖房にしておくなどの対策をします。

❼ケージ内の掃除

朝でも夕方でも時間が取れるときに、ケージ内の掃除をします。汚し具合によっては簡単に済ませることもできます。

底網の上にマット類を置いているなら汚れがないか点検し、尿で汚れているときはマット類を交換します。マット類は複数用意しておくといいでしょう。

底網の上やステージ類、ハウスの上などが汚れていれば掃除します。

❽布製品などの安全点検

ケージ内にマットや寝床など布製品を使うことが多くなっています。かじらない個体ならいいのですが、かじって飲み込んでしまうようだと問題です。掃除をしながら、布製品がかじられていないか点検しましょう。穴やほつれがあると、そこに爪を引っ掛けてしまうこともあるので、それも点検します。

❾運動、コミュニケーション、健康チェックの時間

ケージから室内やサークル内に出して、運動やコミュニケーションの時間を持ちましょ

う。室内に危ない物を出したままになっていないかなどを確認してから出してください。

コミュニケーションの時間は健康チェックの時間でもあります。活発さや元気のよさはいつもどおりか、体の動きがおかしいようなことはないかを見たり、体をなでたりしながら健康チェックを行います。

❿グルーミングの時間

必要に応じてグルーミングを行います。

ブラッシングは、長毛種なら毎日、短毛種は数日に一度（換毛中は毎日）行います。ハンドグルーミングは、換毛中でなくても毎日やるといいでしょう。できものや傷がないか、痛がるところがないかなどもチェックできます。

⓫食事、水や牧草の交換、補充

食べ残しのチェックをし、ペレットや野菜を与えます。食事量は朝よりも夜、多めにします。

ペレットなど乾燥した食べ物の食器は朝か夜のどちらかには洗浄、野菜など水分のある物を入れた食器は毎回洗浄します。食器はいくつか用意しておくといいでしょう。

牧草の補充、交換をします。牧草はすべて食べきっていないときでも一日に一度は入れ替えましょう。

飲み水を入れ替えます。給水ボトルは朝か夜のどちらかには流水でよくゆすぎます。水を流しながら先端のボール部分をつついて、ノズル内部も洗い流しましょう。

⓬世話や遊びが終わったら暗くして

朝に部屋を明るくするのと同じように、夜、世話や遊びの時間が終わったら部屋を暗く

します。リビングにケージを置いている場合など、人が起きているうちは部屋を暗くできないこともありますが、ケージにカバーをかけたり、ケージの前に衝立を置くなどして、薄暗い状態になるようにしてあげましょう。

⓭室内の点検

ウサギが遊んでいた場所が排泄物や抜け毛などで汚れていないか、何か異物をかじった痕跡がないか、電気コードをかじったりしていないかなどを点検しましょう。「食べ物探し（114～115ページ参照）」を楽しんだときは、食べ残しの回収を忘れないようにしましょう。

ときどき行う世話

週に一度が目安

✽食器、給水ボトル

食器はスポンジと中性洗剤でよく洗い、洗剤分が残らないように流水で十分に洗い流します。洗剤は哺乳瓶用の物を使うと安心でしょう。給水ボトルは、分解できる物は分解し、よく洗います。ボトルの内側は柔らかいブラシを使って洗いましょう。硬いブラシだと傷がつき、そこから細菌繁殖することがあります。給水ボトルは専用のクリーナーも市販されています。

✽牧草入れ

陶器製やプラスチック製なら洗浄し、よく乾かしてからケージ内に戻します。木製の場合は通常、こまかな牧草のかすなどを取り除きます。尿の汚れが付いているな

ど汚れがひどければ洗浄し、天日干しして十分に乾かしてください。

❀トイレ

全体を水洗いします。こすり洗いをする場合、プラスチック製のトイレを硬いスポンジで洗うと傷がつきやすいので注意してください。尿石のこびり付きがある場合は、専用の洗剤を使うなどします。

❀体重測定

定期的に体重測定を行い、記録しておきましょう。子ウサギや高齢、病気のウサギの場合など、体重の推移が気になる状況では、こまめに測定するといいでしょう。

半月に一度が目安

❀ケージ内の用品の点検

ハウスやステージなどの汚れがひどければ取り外して洗浄します。汚れていない場合でも、特に体重の重いウサギでは、金網に取り付けてあるステージなどはねじがゆるんでいないかなどを点検しておきましょう。

月に一度が目安

❀ケージを洗う

飼育用品を取り外してから、ケージを洗いましょう。中性洗剤と柔らかいスポンジを使って隅々まで洗い、洗剤分を十分に洗い流します。よく乾かしてからウサギを戻してください。

底網の裏側、特にプラスチック製の底網の上で排尿するウサギの場合だと、裏側も汚れるのできれいに洗っておきます。

そのほかの世話

❀エンリッチメントグッズの交換

ずっと同じ物だとウサギも飽きてしまいます。ときどき、新しい物や以前に使っていた物に交換するといいでしょう。

❀季節対策の準備

寒くなってきたら、ペットヒーターの確認をしておきます。かじられているところはないか、適切な温度に温まるかなどを確かめ、いつでも使えるようにしておきましょう。エアコンの掃除も、本格的に暑くなる前にやっておきます。

除菌消臭水　　　　尿石除去剤

換毛対策の集毛器

✴健康診断

年に一度（高齢になったら半年に一度など）、動物病院で健康診断を受けておきましょう。

掃除の注意点

毎日の掃除はほどほどに

適切な掃除が大切である反面、掃除のしすぎにも注意が必要です。毎回ケージの隅々まできれいにしすぎると、ウサギが落ち着かなかったり、かえって尿マーキングが激しくなったりするかもしれません。また、ケージ全体の洗浄とグッズ洗浄は別のタイミングで行うなど、においを残しておくことも大切です。

毎日の掃除では、汚れやにおいのもとになるところだけを片づけ、「こぎれい」程度の掃除にしておくといいでしょう。

なお、ウサギを迎えたばかりの頃や、妊娠中、子育て中などウサギが不安になっていたり神経質になっている時期は、排泄物の掃除程度にして、あまりこまめに掃除しないほうがいいでしょう。

掃除のポイント

□掃除をするときウサギをケージから出すか

掃除の内容やウサギの性格にもよります。トイレを取り出す程度のことでウサギが気にしないならウサギがいてもできますが、除菌消臭剤を使うようなときや、ウサギが気にするようなら、ペットサークルにウサギを移動させてから掃除するほうがい

いでしょう。

□ケージ内をいじられるのを嫌がるウサギ

なわばり意識の強いウサギなど、個体によってはケージ内をいじられるのを嫌ったり、神経質なウサギだと飼育用品の配置が変わることを嫌がったりといったこともあります。ウサギをペットサークルに出すだけでなく、ウサギから見えないようにして掃除したほうがいいこともあります。

□掃除機の音

掃除機の音を嫌がるウサギもいます。いずれ慣れる（掃除機の音がしても嫌なことが起きるわけではないと理解する）ものですが、心配なら最初のうちは弱音モードにするなど気をつけてあげるといいでしょう。こうした生活音は慣れてもらいたいもののひとつです。掃除機をかける前に「こわくないからね」などと声をかけるのもいいかもしれません。

トイレの掃除

一般的なウサギ用トイレは、受け皿（トレイ）と底網に分かれています。トイレの汚し具合にもよりますが、一般的には、毎日の掃除では汚れたペットシーツやトイレ砂を捨て、トレイと底網の汚れを拭き取ります。特にオスのウサギは尿を後ろに飛ばすので、背面部分なども汚れます。網は裏側も拭いておきましょう。

汚れの原因は主に尿石です。ウサギの尿に多く含まれるカルシウム成分によるものです。ウサギ用の尿石除去剤を使ったり、酢やクエン酸で手作りスプレーを作る方法もあります。

トレイにペットシーツを敷いて、尿がトレイに直接付かないようにしているとトレイは汚れにくいでしょう。

ケージ内の掃除

毎日の掃除では、ケージの床に落ちている排泄物などの汚れを取り除きます。底網とトレイの接合部分の隙間には牧草のかすや排泄物、特に換毛期には抜け毛がたまり、においの原因になりやすいので、こまめに掃除を。

ケージの底（底網の下）は、ウサギがトイレを使うことを覚えていて、底網の下に尿が落ちることがほぼないなら、新聞紙を敷いておく程度でも問題ないですが、トイレ以外で排尿することもある場合はペットシーツを敷いておき、汚れたら毎日交換しましょう。汚す場所が限られているならそこだけペットシーツを敷いておいてもいいでしょう。

マット類

マット類が尿などで汚れていたら交換して洗いましょう。布製の物は汚したばかりなら水洗いでもいいですし、しっかり洗うならペット用の洗剤で洗うといいでしょう。

チモシーなど牧草製のマットが尿で汚れたときも、そのまま使っていると不衛生ですし、においの原因にもなります。汚れるたびに捨てるわけにもいかないので、流水をかけながら洗い流すと、ある程度は汚れが落ちます。繰り返し洗っていると牧草の部分が崩れてきて、編んでいる糸が露出し、爪を引っ掛ける危険もあるので、適宜、廃棄して新しい物を使いましょう。

どちらの場合もしっかり乾かしてください。天日干しするとよいでしょう。

除菌消臭剤

除菌消臭剤はウサギ用も多く販売されています。ケージ内などウサギがなめる可能性のある場所に使う物なので、安全な物を選んでください。排泄物などで汚れたままだと効果が低くなる物もあります。汚れは取り除いてから使うようにしましょう。

空気清浄機

においや抜け毛、アレルギーなどの対策として、空気清浄機の設置も効果的です。フィルター掃除はこまめに行いましょう。稼働音や振動が気になる場合もあるので、ケージの近くには置かないほうがいいでしょう。

抜け毛対策

換毛期の抜け毛はかなり多いものです。ブラッシングと掃除という基本的な対策のほか、空気清浄機を設置するのもいいでしょう。効果的に抜け毛を集めることができる物としては、ケージの側面に取り付けたり、ブラッシングをするときにそばに置いたりして使う集毛器もあります。

季節対策

暑さ対策

ウサギは暑さが苦手です。もともとの生息地はイベリア半島という比較的気温が高くて乾燥した地域ですが、野生のウサギは暑い日中は地下に掘られた巣穴の中にいて、朝や夕方という過ごしやすい時間帯に活動しています。地下の巣穴は地上よりも涼しく（冬は地上よりも暖かい）、気温も安定しています。しかし飼育下では、どんなに過酷な気温になっているとしても、ウサギは逃げる場所がありません。適切な温度管理をすることはとても重要です。

最近の日本の夏はあまりにも暑く、夏はエアコンがなければウサギを飼うことはできないといっていいでしょう。エアコンを使って温度管理をしてください。ウサギの適温は下記に示しています。エアコンの能力や位置、部屋の広さ、個体差なども家庭ごとに異な

るので、暑すぎるのは論外ですが、寒すぎることもないようにしてください。

どうしても室温が高めになりがちでも、湿度は低くします。最もよくないのは、温度も湿度も高いという状態です。

エアコンからの送風がウサギのいる場所に直接、当たらないようにしてください。

室内の空気を冷やす物ではありませんが、ケージの床に、大理石やテラコッタ、アルミのボードなどの、その上にいると体をひんやりさせる効果がある物を置くのもいいでしょう。イヌネコ用のジェルマットは、掘ったりかじったりしない場合に限っては使えますが、目が行き届くときのみの使用が安心です。

室温が高いと食べ物が傷みやすいので、野菜などの食べ残しがあれば早めに処分し、カルキ分を抜いてから与えている飲み水も悪くなりやすいのでこまめに交換しましょう。湿度が高いときはペレットや牧草をしっかり密閉して保存します。

ウサギの適温

【ウサギの適温】
温度：18〜24℃、湿度：40〜60%（30%以下、70%以上になってはならない）
『実験動物の飼育及び保管並びに苦痛の軽減に関する基準の解説』（環境省）より

【注】ウサギの適温については実験動物に関するデータが知られています。実験施設では一般家庭とは設備が異なるのでこうした温度を維持することが可能ですが、家庭で夏場に20℃前後を維持するのはきわめて困難です。現実的には、夏場はウサギのいる場所の温度が25℃、冬場は18℃、湿度は50%ほどが目安となるでしょう。
なお、ウサギのいる場所の温度は、人の体感だけでなく、温度計で確認しましょう。

寒さ対策

　ウサギは寒さには強いとよくいわれますが、前述のイベリア半島の冬は温暖ですし、寒いとしても巣穴で寒さをしのぐことができたでしょう。寒さに強いとはいい切れません。極端に寒さに弱いわけではないので、冬に人が寒くなく、問題なく暮らしている程度の室温なら、問題ないことが多いです。

　ただし、子ウサギや高齢、病気のウサギがいるときや、室温が15℃程度を下回るようなときは大人のウサギでも、暖房を入れたりペットヒーターを設置するなどしましょう。

　暖房を入れている場合、温かい空気は上昇するために、ウサギのいる床の上は寒くなっていることもあります。扇風機を部屋の上に向けて回しておくと、空気が循環します。

　ペットヒーターはケージ内で使い始める前にあらかじめどのくらいの暖かさになるか確認してください。

　注意したいのは極端な温度差にならないようにすることです。リビングなど人の生活空間で飼育している場合だと、人がリビングからいなくなるときにエアコンをオフにするということがあるかもしれません。しかしそうなると部屋は冷え込み、温度差が大きくなります。人がいない部屋でも「ウサギはいる」のだということを考えてください。

　冬場は空気の乾燥にも気をつけます。静電気の影響で被毛にほこりが付くことがあります。飲み水も十分に与えましょう。給水ボトルの飲み口に入っているボールが乾いていて動きが悪くなっていることもあるので、ときどき、先端をつついて確認するといいでしょう。

春・秋の対策

　春や秋は気候のいいシーズンというイメージもありますが、寒暖差が大きいときでもあります。大人のウサギはもちろんですが、特に子ウサギや高齢のウサギがいる場合には注意しましょう。天気予報を確認して、急な冷え込みや暑さへの対応が必要です。

　また、春は冬毛から夏毛、秋は夏毛から冬毛へと激しい換毛がある時期でもあります。抜け毛の掃除とブラッシングの頻度を増やすといいでしょう。抜け毛を飲み込んでしまう量も増えると考えられるので、十分な繊維質の摂取のために牧草をたくさん食べてもらうようにし、十分な量の飲み水を飲めるようにしておきます。

　換毛期には被毛を作るために高タンパク質な食事が必要となる、あるいは、換毛のために体力を消耗するので高カロリーな食事が必要となる、ともいわれますが、適切な温度管理が行われていて、一年中同じような環境だと大きな換毛期がなく、だらだらと換毛が続くこともあります。かえって太らせてしまうことのないよう、心配なら獣医師に相談するといいでしょう。

トイレの教え方

ウサギとトイレのポイント

野生のウサギは、排泄をする場所を定めるので、飼育下のウサギもトイレを教えることは可能です。ただし、「飼い主の思いどおりの場所で排泄してくれるとは限らない」ことは理解しておきましょう。また、「市販のトイレ容器の上に乗って排泄をする」という習性があるわけではないので、ウサギに学習してもらわなくてはなりません。

トイレ容器を使うことを学習できなかったとしても、ウサギが排泄する場所の掃除をすればいいだけのことです。あまり神経質にならず、「覚えてくれたら掃除の手間がひと手間省けてラッキー」くらいの気持ちで取り組んだほうがいいのかもしれません。

☐排尿は覚えても、便に関してはあちこちで排泄することが多いでしょう。排便も覚えるウサギもいますが、少数派です。

☐ウサギがトイレにいるときには落ち着いていられるようにします。驚かせるようなことはしないでください。

☐覚えていたトイレが乱れることがあります。性成熟してにおい付けをするようになることもありますが、泌尿器の病気があることもあるので注意が必要です。

☐トイレは避妊去勢手術をしているほうが覚えやすいとする資料もあります。

☐せっかくトイレを覚えていても、ウサギの体の大きさに合わないトイレだとはみ出して排泄してしまいます。ウサギの体が十分に乗るサイズのトイレを選びましょう。

教え方の例

においで教える

ケージの奥の隅にトイレを設置しておきます。ウサギがトイレ以外の場所で排尿したらそれをティシューなどで拭き取り、ペットシーツやトイレ砂の上に置いておきます。このようにして、自分の排泄物のにおいがある場所を教える方法です。排尿してしまった場所は消臭剤でよく掃除しておきます。

ウサギに場所を決めてもらう

ケージの中のどこに排泄をする傾向があるかを見極めてからトイレを設置します。においで教える方法と同様、排尿を拭き取ったティシューなどをトイレ網の下に置いておくといいでしょう。最初のうちはトイレの上に乗ったら好物を与えるのもいいかもしれません。

牧草を敷いたトイレ

牧草を食べながら排泄をする傾向があるウサギも少なくないようです。大きめなウサギ用トイレや、ウサギ用トイレよりも大きさのある水切りカゴ（100円ショップなどで売っています）の網の下にペットシーツを敷いて、網の上に牧草を敷くという方法です。牧草の上に乗り、牧草を食べ、排泄もします。牧草が排泄物で汚れるので、こまめに交換します。

ハンドリング

ハンドリングとは

　ハンドリングとは、手でウサギをいろいろな体勢に保定するという意味です。ウサギのハンドリングは、適切な飼育管理のためにウサギの体に触れたり抱いたりすることで、健康チェック、爪切り、投薬、そのほかの体のケアなどするときの基本になります。ウサギとのコミュニケーションのために抱っこすることとは目的が違います。抱っこはウサギが嫌がるならしないほうがいいものですが、ハンドリングは可能ならできるようになったほうがいいものです。

ハンドリングのポイント

☐ ハンドリングの前に、体を触られることに慣らしておきます。抱き上げるときに触ることになる胸元やお尻に触ってもウサギが嫌がらないようになっているといいでしょう。

☐ 抱き上げるときは、片手を胸の下に入れて支え、もう片方の手でお尻を支えます。

☐ ウサギを持ち上げるときは必ず、後ろ足とお尻を支えてください。後ろ足が支えられていないとウサギは蹴る動作をしますが、強い筋力に比較して骨が薄くてもろいため、そのことによって脊椎損傷する危険があります。

☐ 腕と体の間で包み込むようにし、体に密着させるようにすると安心感があるでしょう。

【ハンドリングの一例】

ハンドリングできるようにしておくと、健康チェックや体のケアのさいに役立ちます。

❶ 抱き上げるときは片手を胸の下に入れ、片手でお尻をしっかり支えます。

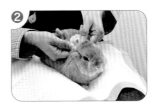
❷ 膝の上で耳の汚れを見るなど健康チェックが行えます。

❸ 自分の脇に寄りかからせるようにして体を倒すとお尻のチェックやケアがしやすいです。顔を脇ではさむようにすると落ち着きます。

❹ 自分の腕と体でお尻をはさむようにして抱くと、歯のチェックなどがしやすいです。

ch
06

ウサギの世話

□視界が遮られているほうが落ち着きます。抱き上げたら、ハンドリングしている人の脇（肘と体の間）にウサギの顔がはさまるように抱きます。

□抱き上げたあと、ウサギの体が縦になるように抱く（人が赤ちゃんを抱っこするような抱き方）のはやめたほうがいいでしょう。嫌がったウサギが人の肩越しに後ろに飛び出す危険があります。

□ウサギを開放するときは、体をかがめ、床のすぐ上で放すようにしてください。腕から飛び降りさせるのは危険です。

□飼い主がハンドリングに慣れていないと、緊張して呼吸が浅くなったり、息を詰めてしまいがちですが、緊張感がウサギにも伝わってしまいます。ゆったりと落ち着いた呼吸をするようにしましょう。

□かかりつけ動物病院でハンドリング方法を教えてもらったり、ウサギ専門店が行っている講習会などに参加するのもいいでしょう。

やってはいけない持ち方

ウサギを持ち上げるときに、決して耳をつかまないでください。野生のウサギを狩猟したときには耳をつかんで持ち運んだかもしれませんが、飼育下にあるウサギの持ち方ではありません。

仰向け抱っこは動物病院での診断、ウサギ専門店でのケアなどにあたり、必要がある場合に行なわれることがあります。

ウサギの首の後ろの皮膚のたるみをつかんで持ちあげる方法がとられることがありますが、すぐにお尻を支え、宙ぶらりんにはしません。

グルーミング

ウサギに必要なグルーミング

　グルーミングとは、体全体の手入れをすることです。

　野生のウサギは自分で被毛をなめたりかいたりしてセルフグルーミングをしていますし、走り回ったり穴掘りをしたりするので爪は適度に削れています。

　飼育下のウサギもセルフグルーミングしますが、長毛種の品種がいたり、短毛種でも人が飼育管理しているからには、より健康な状態でいてもらうためには人の手によるグルーミングが欠かせません。爪が伸びやすいのも飼育下ならではのことです。

　イヌやネコのグルーミングには、トリミング、ブラッシング、シャンプー、爪切り、歯磨き、耳掃除、肛門嚢絞りといったものがありますが、ウサギではブラッシングと爪切りが主要なグルーミングです。

　シャンプーは介護のさいにお尻周りを洗うなど特別な事情があるときに行います。

　家庭での耳掃除は基本的には不要です。耳の中がひどく汚れているときや、高齢などのためにセルフグルーミングできなくなってきたときなど、耳掃除をしたほうがいい場合がありますが、非常にデリケートな器官でもあり、汚れの原因が耳ダニなどの場合もあるので、動物病院やウサギ専門店に相談するのが最適です。ウサギでは鼠径腺に臭腺があるため、汚れがたまっているときにはケアしたほうがいい場合があります。

ハンドグルーミング

　道具を使わず、人の手で行うグルーミングです。手軽にできるものなので毎日、世話のひとつとして取り入れることで、ガードヘア（上毛ともいう。2種類ある被毛のうち表面に見えている長くて硬い毛）の抜け毛を回収できます。手を水やグルーミングスプレーで濡らして、被毛にもみこむようにしながらなじませ、体をなでながら抜け毛を取っていきます。両手にたくさん毛が付きますが、手をこすり合わせれば抜け毛がまとまります。

【ハンドグルーミング】

❶ ウサギの体と自分の手にグルーミングスプレーをかけます。

❷ ウサギの体にグルーミングスプレーをもみこみます。

❸ 両手をこすりあわせると、抜けた被毛が取れていることがわかります。

ブラッシング

定期的にブラッシングを行うことで、ウサギが抜け毛を飲み込むのを防ぎ、皮膚と被毛を健康的に保つことができます。体全体の健康チェックの機会にもなります。

ブラッシングの頻度

短毛種：週に一度は行いましょう。換毛期にはできるだけ毎日行うことをおすすめします。
長毛種：毎日行ったほうがいいでしょう。

ブラッシングに使う道具

スリッカーブラシ：抜け毛を取り除き、体全体の毛をとかす物です。ピンの先端が丸い物やゴム製の物が適しています。アンダーコート（下毛ともいう。地肌近くに生えている短くて柔らかい毛）のケアに向いています。
両目グシ：粗い目と細かい目がついているクシで、細部まで毛を整えることができます。主に長毛種のブラッシングに使用します。
ラバーブラシ：特にガードヘアの抜け毛を取り除きます。ゴム製なので体への当たりがやさしい物です。
獣毛ブラシ：グルーミングスプレーの水分を飛ばしたり、ツヤ出し効果もあるので仕上げに使います。
ステンレス製の刃のついた抜け毛除去ブラシ（ファーミネーター、フーリーなど）：特にアンダーコートの抜け毛を取り除くのに効果が高い物です。よく取れるためにやりすぎてしまうこともあるので、ほどほどに。
グルーミングスプレー：ブラッシング前に体にスプレーすることで、毛の飛び散りを防ぐ、静電気を防止するといったことのほか、製品によってさまざまな効果があります。

ブラッシングの注意点

□ まずは体をなでることやハンドリングすることに慣らしていきましょう。実際にブラッシングをする前に、ブラシを体に当ててみることから始めるのもいいかもしれません。

□ ウサギにとって「嫌なことをされる時間」にならないようにしてください。やさしく声をかけたり、きれいになったねと話しかけたりしてみましょう。また、終わったらごほうびを与えることで、いい印象を持ってくれるようにするといいでしょう。

□ 爪切りでも同様ですが、ウサギがいつもいる部屋ではない場所でするとよい場合があります。

□ ウサギを膝に乗せてブラッシングする場合、ウサギが膝から飛び出すおそれがあるときや、床に座ったほうがブラッシングしやすいときは、床に座ってウサギを膝に乗せましょう。

□ 膝に乗せないで行うときは、ウサギが踏ん張っていられるようにグルーミングマットなどの滑らないマットの上にウサギを乗せます。

□ 換毛期でなくても抜け毛が出ますし、ウサギが排泄することもあるので、エプロンをつけたり、ペットシーツやグルーミングマットなどを膝に敷いてその上にウサギを乗せるといいでしょう。

□ 無理はしないでください。ウサギ専門店のグルーミングサービスを利用したり、講習会などがあれば受けるのもひとつの方法です。

【ブラッシングの手順】

膝にペットシーツやグルーミングマットを敷き、ウサギを乗せます。

ウサギの体にグルーミングスプレーをかけます。顔にかからないように気をつけましょう。

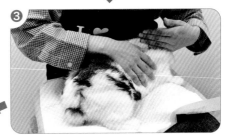

グルーミングスプレーを被毛によくもみこみます。

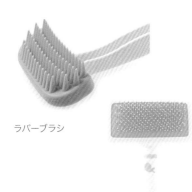

お尻のほうから少しずつ被毛を逆立てるようにかき上げ、戻すようにしながらスリッカーブラシでアンダーコートの被毛をかき出します。

同じようにしながら肩に向かってスリッカーブラシをかけていきます。

ラバーブラシ

スリッカーブラシ

コーム

グルーミングスプレー

【ブラッシングの手順】

❻ 体の反対側も同じように、グルーミングスプレーをかけてもみこみ、スリッカーブラシをかけていきます。

❼ 肩からお尻にかけてラバーブラシをかけ、浮いているガードヘアをからめ取っていきます。

❽ 仕上げに獣毛ブラシを外にかき出すようにしながらかけていきます。空気を含ませるようにしてグルーミングスプレーの水分を乾かす役割もあります。

❾ 肉垂や頭部にも獣毛ブラシをやさしくかけていきましょう。

【長毛種のブラッシングのポイント】

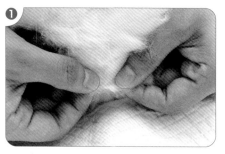

❶ 毛玉ができやすいので、毛玉ができていたらまず取り除きましょう。指でもむようにしながら毛玉を裂いていきます。

❷ 両目グシで取り除きます。もう片方の手の指先で毛玉の根本をしっかりおさえ、皮膚を傷めないように気をつけます。

❸ 長毛種のブラッシングは、まず両目グシを使います。お尻のほうから被毛をかきあげ、とかしていきます。仕上げはスリッカーブラシを使います（ラバーブラシは使いません）。

❹ ふわふわに仕上がりました。

耳掃除

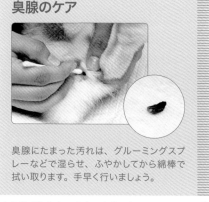

耳掃除には、ベビー用の綿棒を使います。見える範囲をぬぐう程度にし、耳垢を押し込まないようにしてください。

臭腺のケア

臭腺にたまった汚れは、グルーミングスプレーなどで湿らせ、ふやかしてから綿棒で拭い取ります。手早く行いましょう。

※耳掃除や臭腺のケアは、ウサギがじっとしていてくれないと危険がともないます。家庭で無理にやろうとせず、不安な場合はウサギ専門店や動物病院にお願いしましょう。

爪切り

爪が伸びすぎていると、金網などの狭い隙間に爪がはさまったり、目の粗い布に引っ掛けるなど、ケガをする原因となります。また、足の裏を地面にきちんとつけず、重心がかかとに集中してしまい、足の裏を傷めることもあります。長いままでいると爪が変形することもあります。伸びすぎた爪は切りましょう。

爪切りの頻度

1〜2ヵ月に1回程度が目安ですが、ウサギの運動量や個体差によっても違います。足先の被毛よりも爪が長くなってきたら爪切りのタイミングです。

爪切りに使う道具

爪切り：ウサギの爪は人の爪のような平爪ではなく、鉤爪で断面は縦長の楕円形です。人用の爪切りは向いていません。小動物用のハサミタイプか、ギロチンタイプがいいでしょう。爪切りをする人の手になじみやすく使いやすい物を選んでください。

爪ヤスリ：切った爪の角を丸く整えるのに使います。

ガーゼ類：爪を短く切りすぎて出血があったとき、清潔なガーゼなどを切り口に当てて圧迫止血すれば血は止まります。粉末のペット用止血剤もありますが、通常は圧迫止血で問題ありません。

ペンライト（小型の懐中電灯）：爪が黒いウサギだと血管が透けて見えないので、血管を見るためにペンライトを使います。

爪切りの注意点

□爪には血管があるため、切りすぎると出血します。血管よりも3mmほど先を切るようにします。あまりギリギリだと神経に触れて痛みがあるので注意してください。

□爪が伸びすぎると、内部の血管も伸びていきます。血管部分が長くなるとあまり短く切れなくなります。その意味でも伸びすぎを放置しないようにします。

□ウサギの動きを制限する抱き方ができないと爪切りは危険です。まずハンドリングの練習をし、それから、実際に爪は切らずに、爪切りを持ってシミュレーションし、安定した抱き方を見つけておくのもいいでしょう。

□ウサギを抱く係と爪を切る係のふたりで行うのが最も安全です。ハンドリングができていれば、ひとりでも爪切りは可能です。

□爪は手足の被毛に隠れていて見えにくいですが、洗濯ネットなどの網目を手足の先にかぶせるようにすると、爪だけが露出して切りやすいでしょう。

□じっとしていないウサギの場合、顔も含め全身をバスタオルでくるむと視界が遮られておとなしくしていることが多いです。爪を切る足だけをタオルから出して切ります。

□切った爪がウサギの顔のほうに飛んでいかないよう注意しましょう。

□一度にすべての爪を切るのが大変な場合は、一日に1本ずつでも問題ありません。

□爪切りが終わったらごほうびを与え、爪切りに悪い印象を持たせないようにしましょう。

□ウサギが暴れることでの骨折のリスクもあります。無理をせず動物病院やウサギ専門店で切ってもらってもいいでしょう。

【爪切りの手順】

❶ 前足の爪を切ります。膝の上で、ウサギを安定したポジションで抱き、前足を持ちます。

❷ 被毛の間から爪を出すようにします。

❸ 血管を傷つけないよう、先端の2mm ほどを切ります。爪の形を整えるため、角になる部分を作らないよう面取りします。

❻ うつ伏せの状態で切ることもできます。ウサギが安定するポジションで行いましょう。

❺ 後ろ足の爪を切ります。自分の体と腕の間でウサギを支えるようにして仰向けに抱くと切りやすいです。

❹ 手のひらにある、親指にあたる部分の爪は手のひらを少し反らせるようにして切ります。

❼ 爪が黒い個体は血管が見えにくいですが、ペンライトをあてることで血管が透けて見えます。

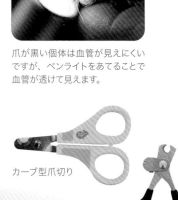

カーブ型爪切り

ストッパー付き爪切り

Enquête

ウサギアンケート **14** 爪切りはどうしていますか？

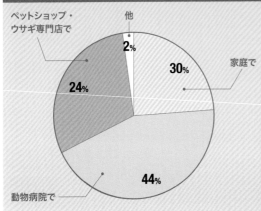

ペットショップ・ウサギ専門店で 24%

他 2%

家庭で 30%

動物病院で 44%

皆さんに、爪切りをどこでしているのかお聞きすると、最も多いのが「動物病院で行う」44％、次に「家庭で行う」30％、「ペットショップやウサギ専門店で行う」24％という結果でした。家庭で行う場合にはお風呂場で行うという方が多くみられました。

○ できるだけ不安な気持ちにさせないように、お腹が見える仰向けの姿勢ではなく、ウサギが普段座っている体勢のまま切ります。（キナちゃんのママさん）

○ テリトリーではない別の部屋に連れていきます。爪の色が黒なので照明で爪の血管が見えるようにし、抱っこが好きではない子なので、暴れないようにバスタオルで体を包んで、洗濯ネットで手を覆って爪だけ出るようにして切ります。（チモシーさん）

○ ウサギを保持する人と、爪切りを持って切る人とふたりでやります。おててもふわふわで爪が見えないので、ネットなどをかぶせてから爪だけ切れるようにしてやります。（さとうさん）

○ ウサギが床に座っている状態で自分の手でウサギの足をにぎり、爪を確認しながらゆっくり切っていました。いきなり足をブンブンするときもあるのでタイミングも大事だと思います。（ぺぷんさん）

○ いつもいる部屋ではなく、別の部屋でします。うちの子は仰向けは嫌がるので、膝にのせて座った状態で切ります。時間をかけるとかなり疲れるので、今回は前足、次回は後ろ足というふうに決めてしています。（エリさん）

○ ネコ用の爪切り補助マスクで視界を遮り短時間で済ませてます。ネコ用ですが体格が大きな愛兎ですのでサイズが合いました。あまりに暴れる時は別日にずらし、無理はしません。（うさっちさん）

○ 真夏は外出を避け家で切りました。暴れますが、根気よく抱えてやや仰向けにして、ひとりで切っています。「手ってぱぁして」っていうと手を開いてくれたので、特に前肢の親指（狼爪）が切りやすくなり、助かりました。（時緒さん）

○ タオルに乗せて頭をなでながらささっと切ります。家族が頭をなでて自分が切るとスムーズです。（まっこちゃんさん）

留守番と外出

留守番させる方法(1泊程度)

　温度管理、食事や飲み水の用意、脱走防止などができていれば、日中だけや夜間だけ、ウサギを留守番させることには問題はありません。1泊以上留守にするときは対策が必要となります。

　健康なウサギで、適切な温度管理ができており、飲み水を給水ボトルで飲めるなら、1泊はウサギだけで問題ないことが多いです。牧草を多くケージに入れておく、給水ボトルを外して落とすタイプなら複数つけておくといった対策をしておきます。

　ただし、交通トラブルや気象条件の問題などで翌日に帰ってこられない可能性があるほど遠くに行く予定の場合、慎重に考えるのであれば、1泊でもウサギだけで留守番させない、という考え方もあるでしょう(その場合でも、家に様子を見に行ってくれるような知人がいるなら問題ないかもしれません)。

留守番させる方法(数日以上)

ウサギを預ける

　2泊以上するなら、ウサギだけの留守番以外の方法を検討する必要があります。預けるか、世話をしに来てもらうかのふたつが考えられます。

　預ける場合は、ペットホテルや知人宅などになるでしょう。ペットホテルを利用する場合は、料金のほか、チェックイン・チェックアウト時間、ケージの持ち込みが必要か、飼育用品や食べ物を持ち込めるか、運動の時間があるか、ウサギの様子を連絡してくれるサービスがあるかなどを確認しましょう。

　ウサギ専門のホテルや、ウサギ専門店が併設しているペットホテルをおすすめします。動物病院でホテルサービスを行っている場合もあるので、かかりつけ動物病院に聞いてみてください。

　ペット一般を預かるペットホテルの場合、ウサギが泊まるのはどういった部屋なのか確認しましょう。イヌ・ネコとは別の部屋であることが多いかと思いますが、フェレットは同じ小動物として扱われて同じ空間の場合もあるかもしれません。接することはなくても、においだけでもストレスになります。

　なお、ウサギの健康状態によってはペットホテルを利用できない場合もあります。

　ウサギを留守番させることになる可能性がありそうなら、早いうちに探したり、可能なら見学しておくといいでしょう。料金はもちろん、持参する物などの確認をします。年末年始や大型連休のときなどは予約がとりにくくなることもあるので、早めに予約しましょう。

　知人宅に預けるときはのちのちトラブルにならないためにも、あらかじめ決まりごとを作っておいたほうがいいと思われます。有償か無償かといったことや世話の内容などです。世話は必要最低限のことだけにしておき、慣れない部屋での「へやんぽ」はさせないようにするか、知人宅にもウサギがいる場合には接触のないようにするといったこともあるで

しょう。必要な食べ物や消耗品を準備し、緊急連絡先も伝えておいてください。

世話をしに来てもらう

家まで世話をしに来てもらえるなら、ウサギの移動をともなわず、生活環境が変わらないので安心かもしれません。知人に来てもらったり、ペットシッターに来てもらう方法があります。

留守宅に来てもらうので、信頼関係が構築できることが重要です。また、ご近所にもあらかじめ「ウサギの世話をしに来る人がいる」ことを伝えておけば、見知らぬ人が出入りしている、と心配させなくてすむでしょう。

日頃ウサギを手厚く世話している飼い主も多いですが、こと細かくあれこれ世話を頼むよりも、最低限のことをお願いするのがいいでしょう。食べ物や消耗品がなくなることがないよう余裕をもって用意しておきます。ウサギが具合が悪くなったときなど緊急時の対応も決めておきましょう。

ウサギ専門店のペットホテル

ウサギに対するケア

ウサギは飼い主がいないことに不安を感じるかもしれません。どのような方法を取る場合でも、ウサギに対しては、ちゃんと戻ってくるから安心して、と声をかけてあげてください。

また、どんなに適切に飼育管理してもらったとしてもウサギにとっては大きな環境変化だったはずです。帰ってきてから数日はウサギの体調に留意しましょう。

連れて出かける方法

自家用車で帰省するなど、移動ルートにある程度自由がきいたり、行き先での融通がきくような場合なら、連れて行くという選択肢もあります。

ウサギはハードタイプのキャリーバッグに入れて移動します。自家用車なら、家で使っている物よりも小さくてもケージが運べるといいですし、実家などしばしば行くところなら実家用のケージを置いておくのも一案でしょう。滞在先近くのウサギを診られる動物病院も念のため調べておくといいでしょう。

車中では、例え自家用車であっても、走行中にキャリーバッグから出さないでください。1〜2時間に1度くらいは休憩を取ってください。どこで休憩を取るかなども含め、計画を立てておくといいでしょう。休憩のときに気分転換させてあげたいとしても、おやつを与える程度にしておきます。脱走防止や事故、トラブル回避のためにはサービスエリアなどでの「うさんぽ」はおすすめしません。

夏場に限らず、春や秋でも車中が高温

になることはあるので、車内に置いたまま車から離れないでください。

車での長距離の移動の可能性があるなら、キャリーバッグに入れ、車で短時間だけ移動するなど早いうちに練習しておくといいでしょう。ウサギの中にはキャリーバッグの中では緊張からか排泄をしない個体がいますが、長距離移動でずっと我慢しているのは体調に悪影響となります。慣らしておくことが大切です。

電車での移動

キャリーバッグに入れて電車に乗車することは一般的には可能です。JR東日本の場合だと、縦・横・高さの合計が120cm以内の動物専用のケースに入れ、ケースと動物を合わせた重さが10kg以内なら、手回り品として1個当たり290円で乗車できます（2023年4月現在。利用時には最新情報をご確認ください）。

電車内ではウサギをキャリーバッグから出したり、扉を開けたりせず、混む時間を避けましょう。自家用車での移動よりも屋外を歩く時間が多いと思われますので、暑い時期や寒い時期は避けるか、ウサギに負担のかからない時間帯に移動しましょう。

飛行機での移動

ANA、JALの場合、国内線には乗せられますが、ウサギは貨物室預かりとなります。国際線でも貨物室預かりですが、海外に行く場合には相手国がウサギを受け入れるかなどの問題もあるので、決まったらなるべく早く問い合わせをし、ウサギをどうするのか決めておきましょう。

ウサギに対するケア

ウサギを連れての移動から帰宅したら、ゆっくりさせてあげてください。不慣れな移動にウサギはかなり疲れていると思われます。しばらくの間は、健康状態にいつも以上に注意してください。

ウサギと旅行

ウサギ連れでの旅行はおすすめしません。イヌと一緒に旅行をする方は増えていますし、ペット同伴ホテルや一緒に楽しめるレジャー施設も多くなっていますが、ウサギは「小さなイヌ」ではありません。ペット同伴ホテルは、人には感じられなくてもウサギにはイヌのにおいがしてストレスになる、そもそもほかの宿泊者のイヌと遭遇する、ウサギの物をかじるという特性から施設に迷惑をかける、受け入れ側のウサギへの理解が低い可能性など、いいことはありません。

多頭飼育

ウサギの多頭飼育とは

「ウサギは群れで暮らす動物なので2匹以上で飼育したほうがウサギにとってはよいこと」といわれることがあります。しかし、ウサギは多頭飼育しなくてはならない動物ではありません。野生下では、巣穴を掘りやすい場所ではバラバラに暮らしているという観察もあります。なわばり意識が強く、群れの中では順位づけをするような動物でもあります。

複数のウサギをひとつのケージで飼育するのは、相性がよく、繁殖の心配がないとしても、とても大きなケージが必要となりますし、個々の健康管理が難しくおすすめできません。

飼育下で可能なのは、それぞれ別のケージで飼育したうえで、相性がよければ飼い主の監視下でケージから出して一緒に遊ばせるという「多頭飼育」です。

多頭飼育で問題となること

❋ 相 性

飼育下では、きょうだいとして生まれたウサギやペットショップで幼いうちから一緒に飼育されていたウサギから複数を迎えるような場合を除くと、飼い主が別々の環境で飼われていたウサギを連れてくることになります。ウサギに選択権はありません。幼いうちは仲よしだったのに大人になったらケンカが始まることもあります。

❋ 性 別

「メス同士がよい」といわれることが多いものの、メスには巣を守るという本能があり、なわばりの主張でケンカすることもあります。

オス同士はテリトリーを守る本能が強いため、ケンカになることが多いので、おすすめできません。

オスとメスは避妊去勢手術をしていなければ交尾してどんどん増えてしまいます。「多頭飼育崩壊」のきっかけになることが多いのは、こうした無計画な繁殖です。オス、メスともに避妊去勢手術をしたうえであれば可能な場合もあります。ただし、ケンカになる可能性がないわけではありません。

なお、オスに去勢手術をした場合だと、4〜6週間は精子が残っている（妊娠させることができる）ので、メスと一緒にする前に十分な時間を取る必要があります。

❋ 2匹目を迎えるさいの1匹目

すでに飼育している先住のウサギにとっては、その生活環境が自分のなわばりになっているので、個体によっては新しいウサギを拒絶し、マーキングが激しくなる場合もあります。飼い主のことが大好きなウサギも、新しいウサギを嫌がることが多いでしょう。飼い主の関心が新しいウサギに向くことにストレスを感じる場合もあります。新しいウサギを迎えるなら、先住のウサギとのコミュニケーションがなお一層、大切になります。声をかけるのも世話も、先住のウサギから先に行いましょう（新しいウサギが来たばかりのときは感染症対策としてもこの順番は重要です）。

✲多頭飼育の飼い主の負担

　当然、飼育管理にかかる時間、経済面などの負担は多くなります。同じ環境で飼育していれば同じような病気になりやすいおそれがあり、治療費が高額になることもあるでしょう。幼い時期から一緒に飼い始めた場合だと、同じような時期に高齢になったり介護が必要になる可能性もあります。同じような時期に亡くすということもあります。

　また、災害時にウサギを避難させる必要があるとき、複数のキャリーバッグと避難用品、そして自分の避難用品を持って移動できるのか、こうしたことも考えておく必要があります。

複数匹の「単独飼育」

　複数のウサギを、それぞれ個別のケージで飼育管理し、ウサギ同士のコミュニケーションの機会がまったくない飼い方をしているという形もあります。

　相性や繁殖の問題がなさそうにも思えますが、相性が悪いウサギ同士だと、ケージを離しておいてもにおいで気になったり、避妊去勢手術をしていないオスとメスだと、オスはメスのにおいを気にします。尿スプレーなどの問題行動のきっかけになることもあります。また、ウサギの交尾は短時間なので、うっかり遭遇した一瞬の機会で交尾した、ということもありますので、避妊去勢手術をおすすめします。

2匹目を迎え入れる方法の一例

❶先住ウサギがいる家に新しいウサギを迎えた場合、まず2週間ほどは先住ウサギとはできるだけ離して（別の部屋など）飼育管理し、健康状態を確かめます。

❷先住ウサギのケージのそばに新しいウサギのケージを置いて、先住ウサギに新しいウサギを紹介してあげてください。しばらくは一緒に遊ばせず、存在に慣らしていきます。世話も遊びも先住ウサギから行い、「自分の生活は変わらず安心していられる」ことをわかってもらいましょう。

❸飼い主の監視下で、ペットサークルの中などで一緒にしてみて様子を見ます。最初は短時間から少しずつ時間を伸ばしていきます。仲よくなってきたように思えても、必ず監視下で遊ばせてください。ちょっとしたことがきっかけで闘争になることがあります。

❹どちらかに攻撃的な様子が見られたときは、ためらわないで別々にしてください。どちらかが別のウサギを一方的に追い回す場合や、ケンカになる場合が考えられます。闘争によって優位か劣位かが明確になれば一見、落ち着くかもしれませんが、劣位のウサギが優位に立とうとする可能性はあり、どこにも逃げることのできない飼育下では、会わせないほうがいいでしょう。

❺一緒にすることでマーキングがひどくなるなどネガティブな反応が見られるなら、遊ぶ時間も別々にし、できるだけお互いの存在が感じられないようにする必要があるかもしれません（別の部屋で飼うなど）。

災害対策

災害対策の必要性

　日本では地震や台風、豪雨など毎年のように大きな自然災害が起こっています。災害が起きたとき、自分だけでなくウサギを守るのも飼い主の役割です。飼い主の責任として当然のことですし、環境省告示「家庭動物等の飼養及び保管に関する基準」でも、災害時に取るべき措置を決めておくことや避難にあたってはできるだけ同行避難をすることなどが努力目標として定められています。なお、同行避難は「ペットとともに避難すること」を指してます。避難所で同じ空間で生活できるかどうかは、それぞれの避難所によって異なります。

　自治体が作っているハザードマップを見て、どんな災害のおそれがあるのか、避難所はどこにあるのかなどを確認し、家族内の連絡方法や避難場所などについて話し合いをしておきましょう。ウサギを守るにはまず飼い主が無事でなくてはなりません。

室内の安全対策

　家具が倒れたり、棚の上から物が落ちたときにケージにぶつかることがないか、窓ガラスが割れたときにケージの上に落ちてこないかなど、ケージ周囲を確かめ、防災対策をしておきましょう。

日常生活の中でしておきたい対策

ケージやキャリーバッグに慣らす

　避難所ではキャリーバッグの中で長い時間をすごさなくてはならないかもしれません。また、室内で放し飼いにしていると、人がいないときに大きな地震があった場合に、どういう事故が起こるかわかりません。ケージ内で生活をすることに慣らしてください。また、キャリーバッグにも慣らすため、室内で遊ばせるときにキャリーバッグもひとつの「隠れ家」として、中で好物を与えたりするといいでしょう。

備蓄・ローリングストック

　食べ物や消耗品は常に備蓄があるようにしておきます。自分の住んでいるところで災害が起きていなくても、離れた場所の災害によって流通が乱れて商品が届かないといったことも起こります。

　必ず未開封のペレットがひとつストックしてある状態にし、それを開封する前には必ず新しい物を購入しておきます。「災害用」として保存しておくのではなく、使いながら備蓄をしていくローリングストックという方法です。

いつもと違う調達方法の確認

　ドッグフードやキャットフードは比較的早い時期に支援物資として届きますし、注意しながら人と同じ食べ物を与えることもできます

が、ウサギでは事情が違います。与える物がない、というような緊急事態になったときは、野草を摘んできて与えることが可能です。日頃から、与えてもよい種類の野草が生えている場所をチェックしておくといいでしょう。

牧草などネット通販で購入している場合だと、流通がストップしたときに大変です。チモシーなら専門店ではなくても一般のスーパー・マーケットで売っている場合もあります。日頃から売り場をチェックしておきましょう。

一時的な預け先を確保しておく

避難所での生活が長くなりそうだったり、生活の立て直しが大変だという場合には、友人や知人に預かってもらうという検討が必要なこともあります。預け合いのネットワーク必要かもしれません。

わが家の「防災の日」を

過去に大きな災害があった日を「わが家の災害対策見直しの日」として、避難のシミュレーションをしたり家族で話し合いをしておくのもいいでしょう。ウサギをキャリーバッグに入れて移動する機会がないなら、この機会に近所を散歩してみたりすると、意外と重いことに気づくかもしれません。

ウサギの避難用品

避難時に持ち出すための避難用品を用意しておきましょう。リュックサックに入れると、両手が空くのでよいでしょう。避難用品セットを販売しているウサギ専門店もあります。

【食　事】
飲み水、ペレット(できれば2週間分)、牧草(代用として牧草ペレット。余裕があれば牧草)、食器、水飲み容器、大好物のおやつ(ストレスで食欲不振になったときに役立つ場合も)など。

【衛生用品】
ペットシーツ、ビニール袋、新聞紙、掃除用品(ガムテープ、ウェットティシューなど。余裕があれば除菌スプレー)など。

【そのほか】
名札類(キャリーバッグには名前、連絡先、写真付きの名札を付けておく)、ウサギの情報をまとめたもの(プロフィール、かかりつけ動物病院の連絡先、病歴などをまとめておくと、人に預けるときなどに便利)、タオル・ブランケット類(保温やキャリーバッグの目隠しに)、ハーネスとリード(一時的にキャリーバッグから出すときや運動のため。普段から慣らしておくこと)など。加えて、個体ごとの必需品(常備薬、大好きなおもちゃなど)。

ライフステージ別の世話

シニアウサギの世話

個体差や年齢にもよりますが、シニアになってくると、徐々にできなくなることと、できるようになることがあります。

トイレを覚えていたはずなのにトイレ以外で排尿することが多くなるかもしれません。トイレの上に乗るのがおっくうになる、関節などの痛みがあってトイレに乗るのがつらい、トイレまで間に合わないなど理由はさまざまです。病気のために尿もれしていることもあるので診察を受けておくと安心でしょう。

掃除する場所が増え、手間がかかるようになりますが、しかたのないことでもあり、長生きしてくれているということでもあります。

あまり抵抗せず、体のケアをさせてくれるようになることもあります。関節の痛みなどがあると毛づくろいの頻度が減り、毛並みが悪くなるので、ブラッシングが大切になります。運動量が減り、爪が伸びるのが早くなることもあります。

寒暖の差が大きいと負担がかかるので、季節対策に留意しましょう。

大人のウサギの世話

毎日の世話をする中で、そのウサギの個性が見えてきます。どんなことが好きか、苦手かなどがわかってくると、ウサギとの関係性も深まり、そのウサギに合った環境作りやコミュニケーションの方法もわかってくる

でしょう。

子ウサギから大人のウサギになる過程では思春期と呼ばれる時期があります。性成熟し自我がしっかりしてきます。この時期には尿マーキングをしたり、覚えたはずのトイレが乱れる個体もいて、掃除の手間がかかることもあります。

子ウサギの世話

トイレを教える時期は、早いほうがいいとも、ある程度成長してから（4ヵ月とする資料があります）のほうがいいともいわれます。家に迎えたら、まずはそのウサギがどこをトイレとするか決めるのを見守ってあげるといいでしょう。

ブラッシングは生後3ヵ月くらいを目安に、よく毛が抜けるようになった頃から始めるといいでしょう。それより幼いうちはブラッシングによって皮膚を傷つけてしまう心配もあります。ただし、体を触られることには慣れておいてほしいので、やさしくハンドグルーミングを取り入れるのもいいでしょう。

ウサギアンケート 15 わが家のヒヤリハット

ウサギとの生活でヒヤッとしたことやハッとしたことがある、という方も少なくないのではないでしょうか? 重大な事故にならないよう、皆さんで事例を共有しましょう。

- ケージの鍵が十分にかかっておらず、朝起きたらへやんぽしていたことです。(つねかぁさん)

- ケージの上蓋を開けていたら、そこから飛び出しそうになりました。けっこう高さがあるのでヒヤッとしました。また、ペットカメラのコードを噛んでいたので感電していないかヒヤッとしました。(あいかさん)

- 置きっぱなしにしていた洗剤を舐めそうになったことがありました。洗剤は口元に当たりやすい高さでした。(あさまさん)

- 机の上に置いていたモバイルバッテリーの充電ケーブルを切られました。椅子に乗って机の上から取ったようでした。モバイルバッテリーの電源がオンになっていたら感電したかもしれないとヒヤリとしました。(ランプさん)

- マンションのベランダにサークルを出して散歩中、隙間から逃げ出して、ベランダの柵の隙間に潜ろうとしていました。8Fなので焦って捕まえました。(マナママさん)

- カーテンの裾で遊んでいたさいにカーテンがほつれてウサギに絡まってしまったことがあります。(ふわたまさん)

- ケージの扉を閉め忘れて仕事に行ってしまったことです。(りんみおさん)

- 入れるはずがないと思っていた隙間から入り込

んでケーブルを噛みちぎってしまいました。音もなく近づいてくるので気づかず踏みそうになったり、手ではたいてしまったり……。
(ほげまめさん)

- おやつにバナナをあげたあと、皮を捨てて袋口を結んだビニール袋をゴミ箱に入れたままトイレに行ったら、バナナのにおいにつられてビニール袋をかじって穴を開けてしまいました。即主治医に連絡し、危険はないと判断されたのですが、あのときは猛省しました。それと、同居のハリネズミ用に飼育している虫(ミルワーム)を器に入れたままトイレに行ったのですが、戻ったら2〜3匹食べてしまっていました。普段は興味を持って寄ってくるときにミルワームを飼育しているタッパーのにおいを嗅がせると、くさくて逃げていたので油断してしまいました。主治医からは「少しなら大丈夫」といわれましたが、やはり物の放置が一番危険だと改めて感じました。
(かんなさん)

いろんなヒヤリハットがあるね

● 歩いていると一緒に歩きだすので踏んでしまいそうになったことがあります。それ以来、へやんぽさせているときはすり足で歩いています。もしくはむやみに歩かないようにしています。（donamacさん）

● 抱っこして移動していたさい、転んでしまったことがあります。ウサギを地面にぶつけないよう背中から転びましたが、衝撃でどこかケガしてないかとヒヤヒヤしました。ウサギは大事なく、本当によかったです。飼い主はあちこち青あざができました。（ゴンチャロフさん）

● ソファの高い所まで登って降りるときにその高い所から飛び降りたことがあります。骨折するのではとドキドキでした。トイレ掃除のときにペットシーツを床に用意していたら食べようとしていたことがあります。（ゆきんこさん）

● 生後1ヵ月半くらいの頃、100均のワイヤーネットでサークルを作っていたところ、首がはまって抜けなくなったことがありました。ちょうどその場にいたので、命の危険を感じてキーッと鳴いたわが子に気づき、すぐにペンチでワイヤーを切っておおごとにはならなかったのですが、命を落としていてもおかしくないようなできごとでした。（さちこさん）

なにしろ
好奇心旺盛
なので…

共有するの
は大切だね！

● 今のウサギではありませんが、へやんぽしているときに、座ろうとしたお尻の下に来て、避けきれずウサギの上にお尻が乗ってしまったことがあります。首を傾けたので、どうしようと冷や汗でしたが、少ししたら普通に戻っていてホッとしました。また、これもその子ですが、ケージの上にラップにくるんだスイカを置いておいたら、ラップごとスイカをかじってしまって、あわてて病院に行きました。かじった量も少なく何ごともなくほっとしました。（MOGUさん）

● ケージの出入り時に柵に引っかかって、爪が折れました。ケージを変更しました。
（いまいさん）

● ローテーブルに手をかけてティシューの箱をかじろうとしていました。（なつちゃちゃさん）

● こたつを気に入ったので本人の好きにさせていたら軽く脱水になったときにヒヤリとしました。その後は出たり入ったりを自分で調整するようになり、人間は30分ほどでこたつをのぞいたり、水を口元へ持っていくようにしました。
（ねねさん）

● へやんぽ中に突然走り出して、蹴り上げそうになってしまったことや、給水器の詰まりを確認せずにセットして、半日水が飲めない状況だったことがあります。（W.Nさん）

テレビのアンテナケーブルをかじりました。先代の子は自由にへやんぽさせていたのですが、テレビ裏まで入り込むとは思わず、ある日急にテレビが消えて驚くと、アンテナケーブルをかじっていました。幸い電源コードではなく通電していなかったため、感電はしなかったものの、即病院に連れて行き、一週間ほどは鉛中毒の症状が出ないかと怖かったです。それ以後はテレビ裏に入れなくしました。今の子はサークル内でのへやんぽにしています。（saoriさん）

へやんぽで人間の服にネギが付着していたことがあります。落ちる前に気づいたものの、ウサギが食べてたらと思うとゾッとしました。
（さわらさん）

牧草をフィーダーに入れさい、乾燥剤も一緒にフィーダーに入れてしまっていたことがあります。ワサっと入れていたので紛れ込んでいました。
（テトラ専属なで係さん）

柵を飛び越えてゴミ箱にダイブインしたことがあります。また、予備の牧草を取ろうとして手が滑り落としてしまったことがあり、ウサギに当たってはいないですがビックリさせてストレスを与えてしまいました。（ちろさん）

おうちにお迎えした頃は大変でした、あっちこっちかじっちゃってかじっちゃって。中でも一番のヒヤリハットが床に敷いてあるクッションマット（ジョイントマット）。これはもう何度「ダメダメダメ…」といったかわかりません。今はほとんどなくなったんですが、たまにかじります（油を原料にした製品や樹脂のようなものはかじる傾向があるような気がします）。ウサギさんと一緒に暮らしてとても敏感になった私の耳。牧草をかじる音、ペレットを食べる音、野菜を食べる音など聞き分けられ、音に関してはとても敏感に

なったんじゃないかなって思います。なのでクッションマットをかじるとすぐにわかるんです、音で。そんなときはすぐさま現場へ急行。そしてウサギさんの目を見て真剣に「ダメダメダメ…」と伝えます。そのとき決して手は出しません（出しても逆効果な気がするので）。（wakouさん）

100均のワイヤーネットを結束バンドでつなげてサークルにしていて、人間の出入りはサークルをまたいでいたのですが、またぐときにサークルにつまずいてしまい、サークルを内側に倒してしまったことがあります。自分が転んでウサギの上に倒れたりしなくてよかったのですが、ウサギを思い切りびっくりさせてしまい、申し訳ないことをしました。（うぉるちゃんさん）

エアコンを「冷房」で入れようとしたときになぜか「暖房」を押していたことがあります。なんで涼しくならないのかとすぐに気がつきましたが、これが外出するときだったとしたら、と考えるとゾッとします。それと、これはヒヤリハットではなく、やってしまったことなのですが、爪切りをしていて、あとちょっとだけ短くしておこう、と切ったら血管を傷つけてしまったことがあり（すぐに止血できました）、よくばらないほうがよかったなと思っています。（しまうさぎさん）

みんなのヒヤリハットを参考にしてトラブルを防ごうね！

毒性のある植物リスト

　観賞用などで飾る植物や、近隣で見かける植物にも、毒性を持つ物があります。ここでは毒性が知られているものの一部をリストアップしました。これがすべてではありませんので、ウサギの行動範囲に植物を置いたり、採ってきて与えようとするときには十分に確認することが必要です。

- アイビー〈葉、果実〉
- アサガオ〈種子〉
- アザレア〈葉、根皮、花からの蜂蜜〉
- アマリリス〈球根〉
- アヤメ〈根茎〉
- イカリソウ〈全草〉
- イチイ〈種子、葉、樹体〉
- イチジク〈葉、枝〉
- イチヤクソウ〈全草〉
- イヌサフラン〈塊茎、根茎〉
- イラクサ〈葉と茎の刺毛〉
- ウマノアシガタ〈全草、樹液〉
- エゴノキ〈果皮〉
- オシロイバナ〈根、茎、種子〉
- オモト〈全草、特に根茎〉
- カラー（アンセリウム、カラジウム）〈草液〉
- カルミア（アメリカシャクナゲ）〈葉〉
- キキョウ〈根〉
- キツネノテブクロ（ジギタリス）〈葉、根、花〉
- キバナフジ（キングサリ）〈樹皮、根皮、葉、種子〉
- キョウチクトウ〈樹皮、根、枝、葉〉
- クサノオウ〈全草、特に乳液〉
- クリスマスローズ〈全草、特に根〉
- ケマンソウ〈根茎、葉〉
- ゴクラクチョウカ〈全草〉
- ザクロ〈樹皮、根皮〉
- シキミ〈果実、樹皮、葉、種子〉
- シクラメン〈全草、特に球根〉
- ジンチョウゲ〈花、葉〉

- スイセン〈鱗茎〉
- スズラン〈全草〉
- ダンゴギク（ヘレニウム）〈全草〉
- チョウセンアサガオ〈葉、全草、特に種子〉
- ツタ〈根〉
- ディフェンバキア〈茎〉
- ドクゼリ（ウメゼリ、イヌゼリ）〈全草〉
- トマト〈葉、茎〉※未熟な果実にも注意
- ナンテン〈全草、特に実〉
- ニセアカシア〈樹皮、種子、葉〉
- ヒエンソウ（デルフィニウム）〈全草、特に種子〉
- ヒガンバナ〈全草、特に鱗茎〉
- ヒヤシンス〈鱗茎〉
- フィロデンドロン〈根茎、葉〉
- フクジュソウ〈全草、特に根〉
- フジ〈全草〉
- フジバカマ〈全草〉
- ベゴニア〈全草〉
- ポインセチア〈茎からの樹液と葉〉
- ホウセンカ〈種子〉
- ボタン〈乳液〉
- マサキ〈葉、樹皮、果実〉
- モクレン〈樹皮〉
- モンステラ〈葉〉
- ユズリハ〈葉、樹皮〉
- ヨウシュヤマゴボウ〈全草、特に根、実〉
- ルピナス（キバナハウチワマメ）〈全草、特に種子〉
- ロベリア〈全草〉
- ワラビ〈地上部、根茎〉

ウサギとの
絆作り

ウサギと「仲よくなる」とは

ウサギを慣らす必要性

　ウサギは社会性がある、賢い動物です。群れの中でのコミュニケーション能力を持ち、飼育下では人とのコミュニケーションが可能です。学習能力も持っています。飼い主が自分にとって敵ではなく、安心していてもよい存在だということも学習できます。

　個体差や、過去の飼育状況、また、飼い主の接し方などによって、「仲よくなれる度合い」はさまざまですが、信頼関係を築くことは可能です。慣れない、というウサギもいるかもしれませんが、飼い主の与える食べ物を食べてくれるだけでも一定の信頼関係ができているといえるでしょう。

　しかし、食物連鎖の下位にいる草食動物のウサギは警戒心が強く、良好なコミュニケーションを取れるようになるまでには時間がかかることもあります。

　それでも飼育下にあるウサギは、慣らす必要があります。環境や人に慣れないままだとウサギは日々、ストレスを感じていることになってしまいます。

　第一段階としてはストレスを感じないために慣れてもらうこと、第二段階としては飼育下にあるウサギの生活がより豊かであることを求め、ウサギとのコミュニケーションを取っていきましょう。

慣らす前に考えておきたい 飼い主の気持ち

　慣らすにあたっては、人の気持ちも重要なものです。人が動物に癒やされるのは、動物が安心している様子を見ると、敵がいないのだろうと感じて人も安心できるからだといわれますが、同じように、ウサギが人の様子を見て安心してくれるのが望ましいことです。

　ウサギは繊細な動物で、ストレスから体調を崩すこともあるため、飼い主はいつも心配な気持ちでウサギの様子を観察していることがあるかもしれません。それはとても大事なことである反面、ウサギが外敵に狙われやすい動物でもあり、近くにいる別の生き物の気配を敏感に感じ取る動物なのだろうことを考えると、それによってウサギも緊張感を持ってしまうかもしれません。

　ウサギの様子を細やかに観察する目を持ちながら、それをおおらかさで包み込んでウサギと接することができると、お互いが幸せではないかと思います。

慣らす前に考えておきたい ウサギの気持ち

　ウサギにもさまざまな感情があることを理解しましょう。人でも、ほかの人との距離感は、さまざまです。「こちらから寄っていったときにはたくさんかまってほしいが、そうでないときは放っておいてほしい」というウサギもいますし、「なでられるのは大好きだけど、抱っこだけは絶対に嫌だ」というウサギもいます。そのウサギが求めている適切な距離感を見つけてあげてください。

　ウサギに声をかけることはとても大切です。科学的根拠はないのですが、ウサギは「話せばわかる」動物だろうと思っています。伝えた言葉どおりの意味を理解はしなくても、気持ちというのは伝わります。日常の中だけでなく、ウサギの暮らしに変化があるようなときはあらかじめ伝えてあげてください。

　また、ウサギを怖がらせることをしないようにしてください。恐怖を感じたという記憶は消えにくいものです。

個性を理解しよう

　とても怖がりなウサギ、甘えん坊なウサギ、気が強いウサギ、几帳面なウサギなど、ウサギの個性はさまざまです。SNSなどのメディアで発信されているウサギたちの姿に「うらやましい」と思うこともあるかもしれません。

　しかしウサギの個性はウサギの数だけあります。怖がりなウサギがやっと近くに来てくれるようになったり、手からおやつを取ってくれたりするのは、とても慣れているウサギの飼い主からすれば小さなことかもしれませんが、それがそのウサギの個性です。そうしたことも喜びに感じてほしいと思います。

　密なコミュニケーションを楽しむのもすてきなウサギとの関係ですし、かまわれるのが好きではないウサギに快適な環境を作り、そこで伸び伸びと暮らすウサギの様子を楽しむのも、同じようにすてきな関係です。人とウサギとの幸せの形はいろいろあり、100軒のウサギを飼う家庭があれば100とおりの幸せがあります。ウサギの個性を愛してください。

ch 07

ウサギとの絆作り

野生ウサギよりなつきやすい理由

　飼育下にあるカイウサギの行動は野生のアナウサギから受け継がれているものですが、違いもあります。飼育下のウサギは天敵への反応がにぶくなっていることが知られていましたが、研究により、脳内での遺伝子群の発現量に大きな違いがあることがわかったといいます。人へのなつきやすさに関わっているのだと考えられています。

飼育下で見られるしぐさや行動の意味

しぐさや行動の意味を知るべき理由

　ウサギのさまざまなしぐさや行動にどんな意味があるのかを知る必要があるのは、それがウサギのコミュニケーション手段であり、「言葉」だからです。そして、ウサギが伝えたいことの意味を知ることによって、言葉でコミュニケーションの取れないウサギと人との「共通言語」になるからです。

しぐさや行動とその意味

　ここでは飼育下のウサギが見せてくれるさまざまなしぐさや行動の意味を説明しますが、必ずしもひとつの行動にひとつの意味しかないわけではありません。ある行動の意味合いが、ウサギによって、または人との関係や飼育環境によって違っていたり、野生下での意味と飼育下での意味が変わってきていると思われるものもあります。

本来とは違う意味もある

❀後ろ足で立ち上がる

　本来は、警戒などのために周囲を見渡す行動です。飼育下では飼い主におやつをねだったり注目してもらいたいときにもしています。

❀スタンピング（足ダン）

　「足ダン」とも呼ばれます。後ろ足で地面を強く叩くのは、本来は周囲に警戒することを知らせる行動です。飼育下では、

警戒のほかに、不快なことがあったときや、何かを求めているとき、飼い主に注意を向けてほしいときにも見られます。「不快」には、物の置き場所が変わっていることや、スケジュールどおりでないこと（食事や遊ぶ時間など）、体調不良が含まれることもあります。警戒しているときは何度も地面を叩き、飼い主に注意を向けてほしいときは一度だけ叩いて様子を見ていたりします。

似ていても違うふたつの行動

❀歯ぎしり

　気分のよいときにするカリカリと聞こえてくる軽い歯ぎしりは、なでられることが好きなウサギがなでられているときなどに発します。しかし、痛みがあるときなどの強い歯ぎしりもあります。

いろいろな意味を持つ行動

❀毛づくろい（セルフグルーミング）

　本来の目的は身ぎれいにすることです。そして、安心した環境だと毛づくろいに専念できます。しかし、落ち着きたいとき、ストレスがあるとき、退屈なときなどには過度な毛づくろいを行います。同じ場所ばかり毛づくろいしているときはその部分に何か違和感があるかもしれません。

❀物を口にくわえて投げる

　イライラしているときに行いますが、単にその行動が「楽しい」こともあるようです。

❀マウンティング

　オスがメスに行う交尾行動のほか、同

性同士でも見られる順位づけ（上に乗るのが優位）もあります。ぬいぐるみなどに行うのは疑似交尾行動と思われます。飼い主の手や足にしがみついて行うのは疑似交尾行動あるいは順位づけかもしれません。

❋ 人の手をなめる

愛情表現や、なでたあとの場合にはグルーミングに対するお礼のグルーミングかもしれませんが、「もうやめてほしい」という意味もあるかもしれません。物をなめるのには、なめたときの質感が好きだったりにおい付け、退屈しのぎといった意味もあるようです。

❋ 人の手の下に頭を入れてくる

なでてとせがんでいるのですが、野生下では優位のウサギが劣位のウサギに毛づくろいをさせるので、ウサギとしては「せがむ」というよりは「命じている」のかもしれません。

❋ 噛みつく

物をかじるのは本能的な行動ですが、イライラしているときに見られることもあります。噛みつくことまではいかず、歯を当てるだけなのは警告の意味です。噛みつくことには恐怖や体調不良などいろいろな意味があります（164ページ参照）。

❋ あくび

眠いときにもしますが、退屈しているときや、次の行動に移ろうとするときなどにも行います。イヌで知られている「緊張をほぐそうとするあくび」という意味はウサギにはあまりないといわれます。生あくびを繰り返すときは体調不良のおそれがあります。

野生の名残の行動

❋ 前足を振る

顔をグルーミングする前に前足をブンブンと振るのは、野生下なら前足についているであろう土などの汚れを落とすしぐさです。

❋ 穴掘り、穴埋め

穴を掘るようなしぐさはまさに地面に巣穴を掘る行動の名残ですが、前足を床の上で前に押し出すようにするのは、巣穴の入り口を埋めるしぐさです。メスが巣を離れるときに行っていた行動の名残と思われます。

❋ なわばりの主張

なわばり主張のために石や小枝などに下顎腺をこすり付けたり、群れの仲間であることを示すのににおいを付けます。飼育下でも家具などに行ったり、飼い主に対しても行うこともあります。尿によってもなわばりを主張します（164ページ）。

便をあちこちにすることでもなわばりを主張しますが、その場所が自分のなわばりだと感じたらあまりしなくなるようです。

楽しいときに見せてくれる行動

❋ ジャンプ

その場で垂直にジャンプ、体をひねるようにしてジャンプ、走りながら体をひねるジャンプ、頭だけを軽く振る※などは、楽しいときや喜んでいるときに見せてくれるしぐさです。

※頭を振る理由が耳のかゆみなどの場合もあるので注意してください。

❋ 走り回る

短いダッシュをしたり、部屋を走り回る

ch 07

ウサギとの絆作り

のも楽しいときの場合があります。

8の字に走り回るのはオスからメスへのアピールですが、人の足元を走り回ったり足の間を8の字を描くように走るのは、興奮していたり楽しいときで、プープー鳴いていることもあります。

くつろぎや安心をあらわす行動

手足を伸ばして横になっている、急にバタンと横になる、頭から滑り込むようにして横になるのは、その環境が安心なときでないと見せないものです。

全身を伸ばしている理由として、体表面を少しでも広げて体熱を放散させようとしている場合があるので、状況によっては暑すぎないかのチェックも必要です。

香箱座りと呼ばれる、前足を折りたたんで体の下に入れている座り方も（香箱とはお香を入れる箱のこと）、すぐに逃げ出す体勢になれないことからもリラックスしているときと見られています。

こうしたとき、目は大きく見開いてはおらず、半分つぶっているようなこともあります（体調が悪くて横たわったり目をつぶっていることもあるので注意してください）。

体調がよくないときなどの様子

体を丸めてうずくまる、ケージの隅でじっとしている、そわそわと落ち着きのない様子、ふるえているといった様子が見られます。

嫌な気分のときの行動

✱キック

抱っこしようとしたときに嫌がって飼い主を蹴ることや、抱っこなど嫌なことから逃れて走り去るときに、後ろ足をはじくような蹴り方をしながら去っていくことがあります。筋力が強いウサギは蹴るという動作で脊椎を痛めることもあるので、蹴るような状況は避けなくてはなりません。

✱パンチ

前足でパンチするように地面や人を叩いてくるのも、不快だったり嫌なときです。

耳で知るウサギの気分

- ✱立ち耳の場合、通常は立てていますが緊張感はありません。
- ✱耳を背中に沿わせて下げているのは警戒しなくてよい、安心しているときです。
- ✱耳を背中に沿わせているときでも、体は緊張し、頭を低くしているときは警戒や不安があるときです。おびえているときだと尾を垂らし、白目が見えていることもあります。
- ✱耳を前方に向けて傾けているときは警戒し、そちらの方向に集中しているときです。
- ✱ピンと立てて、前だけでなくあちこちに向けているときは周囲を警戒しています。
- ✱耳を後ろ45度引き、体を硬くしているときは警戒、緊張し、攻撃しようとしているきかもしれません。

* 垂れ耳のウサギの場合、立ち耳のウサギのように簡単に耳を動かせませんが、自然に垂れているときはリラックスしています。耳を前に傾けるようにしているのは、物音などに集中したり警戒しているときです。

尾で知るウサギの気分

* 尾を下げているときはリラックスしているといわれますが、自分より優位なウサギがいるときは服従を示すともされます。
* 尾を立てているのは警告などの意味があります（32ページ）。
* 尾を振るのは興奮しているときや、かまわれたくないときだといわれます。

鼻で知るウサギの気分

* 鼻先で人の手を軽くつついてくるのは、なでて、注目して、といった意味です。
* 鼻先で人を強くつついてくるのは、人が通り道にいてじゃまなので、どいてほしいという意思表示です。
* 起きているときはよく鼻をピクピクさせています。「鼻でウィンクする」といわれるほど普段からよく動くウサギの鼻ですが、興奮しているとそれが顕著になります。

そのときの気分と
関係のない行動をする

　イライラしているときに穴掘り行動をしたり、毛づくろいをするといった関係のない行動することがあります。転嫁行動（本来の対象ではなくほかのものにあたる行動）、転位行動（その場の状況と関係のない行動をしてストレスや緊張を緩和する）といいます。

発情や繁殖に関連する行動

　尿を飛ばす、尿を点々とする※、胸の毛をぬく、足の周りをぐるぐる回るといった行動が見られます（182〜183ページ）。

※泌尿器疾患の場合もあるので注意してください。

これはどういう意味?

* じっと固まったように動かず、目を丸く見開いているときは、警戒しているときです。
* 「飼い主が食事を始めるとウサギも食べ始める」ということがあります。ウサギは群れの中では厳格な順位づけをし、食事の順番も決まっている、ともいわれますので、そういうことなのかもしれませんし、安心して食べ始めているのかもしれません。
* 遊ばせているときに、床に座っている飼い主と少しだけ体を接触させていることがあります。信頼していたり安心しているからだろうと考えられます。
* バナナを与えたときにお尻（腰からお尻にかけて）の筋肉がピクピクと痙攣することがあります。バナナで顕著で、ほかには盲腸便、大好物の食べ物などを食べているときに見られることがあります。幸せで楽しんでいるときだといわれます。
* 飼い主がどこに行くにもついてくるのは飼い主を好きなのだと思われますが、分離不安のおそれもあります（165ページ）。
* 用心深そうに、後ろ足の位置は動かさずに前足だけ前に進めるのは、見知らぬ場所やものなどと遭遇したときに注意深く観察しているときです。好奇心があるときに見られることもあります。

飼育下で耳にする鳴き声の意味

ウサギは声帯が発達していないため、わかりやすい鳴き声は発しませんが、鼻を鳴らすなどして気持ちを伝えてくれます。

✱ ブーと鼻を鳴らす

不快なときに聞かれます。一度だけのことや繰り返し鳴らすこともあります。

海外の資料では「うなる」を意味する英語で説明されており、噛みついてこようとする前に警告として繰り返しブーブーと鼻を鳴らしたりします。

✱ プープーと小さな音で鼻を鳴らす

機嫌がよいとき、嬉しくて興奮しているときなどに聞かれます。

✱ キーという悲鳴

ひどい苦痛や強い恐怖があったときに悲鳴をあげます。

✱ いびき

寝ているときにプープーと聞こえてくるのは、いわゆるいびきです。あまりよく耳にするようなら鼻が詰まっているかもしれないので診察を受けておくと安心です。

ウサギの問題行動

ペットの行動のうち、ペットにとっては正常な行動でも飼い主にとって困る行動などを問題行動といいます。ここでは簡単に解説しますが、深刻な問題が起きているときはかかりつけの動物病院やウサギ専門店で相談するのもよいでしょう。

尿マーキングやマウンティング

発情にともなう行動は、手術のタイミングによっては避妊去勢手術で予防できる場合もあるので、かかりつけの動物病院で相談しましょう。尿マーキングは、遊ばせるエリアを徐々に広くしていくことで防げることがあります。またマウンティングを人に対して行う場合は、無視してその場を離れ、相手にしないようにします。

噛みつく

噛みついてくる原因を考えましょう。ウサギが相手を攻撃しようという目的で攻撃的になることはほとんどありません。攻撃してくるとしたら恐怖や不安で追い詰められたり、驚かせてしまったときなので、それを避ける接し方を心がけます。人が怖がってびくびくして接すると、ウサギのほうも不安になるので、怖がらずに接してください。

ほかにもウサギは体調が悪いとき、妊娠しているときなどに身を守るために噛みついてくることがあります。退屈させず、環境エンリッチメントの視点で環境を見直し、十分な運動をさせてストレスを溜め込ませないことも大切でしょう。

噛まれたら大きな声で「痛い!」と言い、い
けないことだと教える方法もあります。決して
ウサギの名前を呼んで叱らないでください。
ウサギ同士の上下関係を真似て、ウサギ
の頭に手を乗せる（飼い主が優位であると伝え
る）方法もあります。あくまでも手を乗せるだけ
です。決して叩かないでください。

なわばりを主張して攻撃的になる場合に
は、避妊去勢手術について、かかりつけ
の動物病院で相談してみてください。

後追いが激しい（分離不安）

ウサギは1匹でも問題なく飼育できますが、
よほど怖い経験をしたことがある場合などに、
飼い主から離れることをおそれ、飼い主がトイ
レに行くときなど、どこに行くにも後をついてく
るケースがあります。大丈夫だよ、大好きだ
よ、と話しかけることでウサギに気持ちは通じ
るだろうと考えます。それに加え、ごくわずか
な時間ずつ、離れていることに慣らすことも
必要でしょう。ウサギでは難しいかもしれませ
んが、行動療法の専門家に話を聞いてみ
るのもひとつかもしれません。

ウサギの思春期

ウサギが性成熟するのは、品種（体の大き
さ）にもよりますが生後3〜4ヵ月頃です。その
頃になると、自我が目覚め、なわばり意識
が生まれ、体や心にも大きな変化が見られ
るようになります。いわゆる「思春期」と呼ば
れる時期です（人での思春期や反抗期と考えると
わかりやすいかと思います）。通常、1〜1歳半く
らいまで続きます。

個体差はありますが、思春期に見られる
行動の変化には、子ウサギのうちにはできて
いた抱っこやグルーミング、トイレができなく
なる、それまではしなかったのに噛みついてく
る、また、順位づけやなわばり主張（オスはな
わばりを広げたい、メスは巣を守りたい）のためにマ
ウンティングするようになる、尿スプレーなどに
よるにおい付けをするといったものがあります。
スタンピングが増える、ケージの中で騒がしく
なる（トイレなどをひっくり返そうとする、金網をかじる）
など、自己主張する行動が増えたりもします。

対処方法の例

❶ウサギの行動は飼い主が管理しているこ
とを理解させます。ケージからは飼い主
主導で出します。広い部屋で遊ばせると
そこがすべて自分のなわばりだと思ってしま
うので、ペットサークルなどで行動を制限
します。

❷グルーミングなどは、いつもウサギのいる
部屋以外で行うとよい場合があります。

❸噛んできたら、いけないと教えます（164ペー
ジ「噛みつく」参照）。

❹人へのマウンティングは無視します（164
ページ「尿マーキングやマウンティング」参照）。

❺避妊去勢手術を検討します（191ページ参
照）。

飼い主としては掃除の頻度が増えるなど
手間が増えますし、心配が多い時期ではあ
りますが、あまりそわそわしたり、不安な様子
を見せたり、接するのを怖がったりしないよう
にして、できるかぎり、どっしりと構えている
ようにしてください。

ウサギの慣らし方

基本的な慣らし方

1. 環境に慣れてもらう

ウサギを家庭に迎えたら、まず新しい環境に慣らします。ケージの中が安心できる場所だと思ってもらう段階です。必要な飼育用品をセットしたうえで、できれば以前にウサギがいた環境で使っていた物（マットや自分のにおいのついた牧草など）を一緒にケージに入れておくとよいでしょう。

ウサギをかまわず、周囲で騒がしくしすぎず、健康観察などの必要なこと以外はあまりじろじろ見たりもしないでおきます。生活音がしても問題はありません。物音や人の声がしていても怖いことは起きないのだと理解してもらうことが必要なので、むやみに大きな音や振動でない限りは、普通に生活しながら、そっと見守る時期です。

周りの様子がわからないのに物音だけ聞こえてくるのは不安なので、ケージを覆ってしまうのは避けたほうがよいでしょう（保温など必要があるときを除く）。

2. 最低限の世話をする

やさしく声をかけながら、汚れたところの簡単な掃除や、食事、飲み水の用意をしましょう。最初のうちは以前に食べていたのと同じ種類のペレットや牧草を与えます。

ただし体調に問題があるときはためらわずに動物病院に連れていってください。

3. 人の存在に慣れてもらう

世話をするときやケージのそばにいるときにやさしく声をかける、ケージ内での世話をするときに人の手のにおいをかがせるといったことをし、人に慣れてもらいましょう。

4. 人の手から食べ物を もらうことに慣れてもらう

ペレットと牧草しか与えていない時期の子ウサギならペレットを、大人のウサギで好物がわかっているなら好物を、ウサギの名前を呼びながら手から与えてみましょう。「自分の名前」ではなく「音」としての認識ではあっても、「よいこと（おいしい物をもらえる）がある合図」として学習します。繰り返していると、名前を呼んだり人の姿を見たら寄ってくるようになります。

まだ人を怖がっているようなら、ウサギがこちらを見ているときに、ケージの扉を開けて好物などを置き、扉を閉めて去っていく、という方法で人と食べ物の関係（おいしい物をくれるのはこの人だということ）を理解してもらう方法もあるでしょう。

5. ケージの中で十分に 人に慣れてもらう

好物などを食べているときに頭をなでたり、背中をなでるなど、ウサギの体に触れることに慣らしていきます。嫌がるようなら、最初は短い時間だけにします。ケージの中を「嫌なことのある場所」にするのは避けましょう。

6. トイレを教える

ケージ内だけでの生活をしている間にトイレを覚えてもらいましょう（「トイレの教え方」134ページ参照）。

7. へやんぽデビューは限定エリアから

へやんぽ（室内で遊ばせること）させたいと思っている場合も、ペットサークルで区切った狭い場所から始めることをおすすめします。ケージから出したウサギに対して飼い主が最初にやることは「何もしない」です。サークル内で床に座って、ただそこにいるだけです。あまりウサギに注目せず、読書をしているというのもよいかもしれません。好奇心旺盛に飼い主のにおいをかぎにくるウサギもいるでしょうし、近寄ってこないウサギもいるでしょう。この段階では、「この人のそばにいても怖いことは起こらない」と理解してもらいます。いつでも近寄ってくるくらいに慣れたら、近くに来たときだけ、手から好物などを与えてみます。

ケージに戻すときは、好物を見せてケージに誘導するのがよいでしょう。抱かれることに慣れていない段階で無理に抱いたり、追いかけて戻したりすると、ウサギが人や抱かれることを怖がったり、ケージに戻されるのを嫌がるようになってしまうことがあります。

8. 体に触られることに慣らす

ペットサークルの広さは徐々に広くします。

体に触られることにも慣らす必要があります。ウサギが近くに来たらやさしく声をかけながらなでたり、好物で膝の上に誘導できるなら膝の上でなでたりして、なでられる範囲を広げていくとよいでしょう。ウサギは鼻から眉間、おでこにかけてや、耳の付け根あたり（耳介は嫌がります）をなでられるのが好きな個体が多く、顎の下や手足、お尻や胸、腹は触ると嫌がられることが多いでしょう。そのウサギが喜ぶ場所を探してみてください。

9. ハンドリングの練習

ペットサークル内での遊びを通じて距離が近づいてきたら、ハンドリングの練習も行いましょう（135ページ参照）。

10. 部屋で遊ばせる

ウサギとのコミュニケーションが十分にでき、名前を呼んだり、好物の準備をする物音を聞きつけたりしてウサギがすぐに飼い主のところに来るくらいになっていて、室内の安全対策（171ページ参照）がしっかりできている場合には、サークルを開放して部屋全体で遊ばせることもできるでしょう。

部屋全体で遊ばせず、安全な、サークル内でのみ遊ばせるのでも問題もありませんし、「飼い主の留守中と就寝中はケージに入れておき、飼い主が家にいるときはケージとつなげてあるサークルに出し、飼い主がウサギと遊べる時間だけは室内で遊ばせる」といった方法もあるでしょう。

OK

Chapter 7
ウサギとの
絆作り

ウサギとの遊び

遊びが必要な理由

ウサギとの暮らしには、遊びの時間が欠かせません。遊びには多くの目的があります。ただケージの中に用意された食事を食べているだけではウサギの生活は退屈です。本来あるはずの行動レパートリーを増やすことができず、環境エンリッチメントの面でもの足りません。行動レパートリーを増やして本能的な欲求を満たすことができれば、生活の質も向上します。

走り回ることができるスペースで運動の機会を増やすと食欲も増し、しっかりした体格を作ることもできます。太りすぎの予防にもなります。定期的な運動によって、正常な排便と排尿が促されるとする資料もあります。

ウサギには過度な刺激は控えるほうがよいのですが、新しいおもちゃを前に「どうやって使うんだろう?」と考えることや、おやつを隠してあるおもちゃからおやつを取り出そうとすることなどは、ウサギにとっては体も頭も使う、よい刺激になります。

飼い主とのコミュニケーションの機会が増え、より強い信頼関係を作るためにも役立ちます。ウサギにとっても飼い主にとっても、楽しい時間となることがなにより大切です。

ケージ内での遊び

多くの場合、ウサギが最も長い時間を過ごすのはケージの中です。ゆっくり休める場所であることに加えて、退屈しない環境にすることも必要です。広いケージであっても走り回るほどには広くないので、ケージ内での安全な遊びとしては、かじるおもちゃなどがよいでしょう。飼い主が見ていられないときに使うおもちゃなので、牧草でできたおもちゃなど安全性の高いものにするとよいでしょう。

「ケージから出さないで飼うことはできますか?」

ウサギには家畜という側面もあり、家畜としくはケージでの飼育管理が行われます。それでも家畜としての目的を果たすことができる(利用時までは目的を果たすに足る健康状態でいる)から、家畜としての利用ができるのでしょう。

ですから、ウサギという動物を飼育するならケージのみでの飼育は可能といえます。しかし、ペットとしてウサギを飼うということは、家族としてウサギを家庭に迎え入れたということです。となれば、ウサギによりよい環境を提供する努力をする必要があります。何かの都合でケージから出せない日が散発的にあるとしてもしかたのないことですが、できるかぎり毎日、十分な運動やコミュニケーションの時間を取るようにしてください。

室内でのコミュニケーションと遊び

　ウサギと遊びながらコミュニケーションを取る場所は、基本的にはケージの外（室内あるいはペットサークル内）になります。家庭ごとに、ウサギの個性に合わせた遊びやコミュニケーションを考えてみるとよいでしょう。

遊びにあたっての注意点

□ウサギの活動時間である朝か夕方以降に遊ぶのがよいでしょう。

□遊ぶ時間に決まりはありませんが、ウサギはどちらかというと短期集中で遊んでゆっくり休み、また遊ぶというタイプです。短い時間でも十分に運動するウサギもいれば、長い時間の中でときどき、活発なウサギもいるので、そのウサギに合った遊びの時間を決めるとよいでしょう。

□積極的に走り回らないウサギでも、ケージから出ることが気分転換にはなります。とてもよく遊ぶウサギは長い時間遊ばせてもよいですが、子ウサギや高齢のウサギ、病気のウサギなどは、疲れてしまわないよう様子を見て遊ぶ時間を終えてください。

□遊び始める時刻は、だいたい決まっているほうがよいでしょう。ウサギは「いつもどおり」に安心する動物です。

□室内の安全対策は万全に（171ページ参照）。

□ウサギのひとり遊びだけでなく、飼い主との時間も作りましょう。「一緒にいると楽しい」と感じてもらうことは大切です。

□おもちゃは安全な物を選び、ときどき交換してウサギが飽きないようにします。プラスチック製品は、ウサギがかじらない場合に限って使うことができます。

□トンネルなど隠れる場所を置き、そこにウサギがいるときはかまわないようにします。

□ウサギを遊ばせているときは常に足元に注意を。うっかり蹴ってしまうことはよく起こります。移動は「すり足」が基本です。

□ウサギが疲れているようなら遊びの時間を終わりにします。疲れていても遊び続けることもあるので注意が必要です。

□心臓疾患などの持病やソアホックなどの外傷がある場合は、遊びについては獣医師に相談をしてください。

遊びやコミュニケーションの例

❋取り入れたい4つの要素: ウサギの本能である、物をかじること、穴掘りをすること、食べ物を探すこと、そしてトンネルのような狭い場所で休息することを、ウサギの遊び場所に用意してあげましょう。

❋サークル内を楽しい運動場に: 遊びの時間になったらペットサークルを組み立て、その中でウサギと遊びます。室内に余裕があれば、常にケージとペットサークルをつないでおきます。サークル内にはトンネルを置いたり穴掘り行動ができる場所を作り、ウサギが自由に走り回れる運動場を作りましょう。食べ物探し（114ページ参照）を取り入れると、体だけでなく頭も使う機会になります。

❋おもちゃでの遊び: 鼻でボールをつついて転がすサッカーごっこや、牧草のおもちゃを使った軽い引っぱりっこなど、いろいろなコミュニケーションができるでしょう。

❋追いかけっこ: 追いかけられることがウサ

ギにとって恐怖ではないことが前提です（危ないので走らないでください）。ウサギの後ろに付き、ウサギが進んだらウサギに近づいたり、飼い主が離れ、ウサギが近づいてきたらまた離れたりする遊びです。

✱ 真似ごっこ：ウサギ同士では、ほかのウサギの行動を真似ることで友好的だと示すとする資料があります。ウサギがゴロンとしたら一緒に横になったり、ジャンプしたらジャンプの真似をしたり（実際に飛び上がると危ないので足は地面につけたままで）、行動を真似する遊びはいかがでしょうか。鼻をピクピクさせたり、ウサギが嬉しいときに頭を振るのを真似することも挙げられています。

✱ ウサギ目線でゴロゴロ：ウサギと距離を縮めるよい方法のひとつは、ペットサークルの中で人もウサギ目線になること、つまり床の上に寝そべります。同じ目線でいることで、人への関心をより持ってくれるようです。

Enquête

ウサギアンケート 16　どんな遊びやおもちゃがお気に入りですか？

皆さんにどんな遊びやおもちゃがお気に入りかお聞きしてみました。

- チモシー製のかまくらやざぶとんを食べながら壊していくのが好きです。（あきさん）
- 牧草をボックスに入れてほりほりハウスを作っており、その中で牧草を掘って遊ぶことです。（あじゅまるさん）
- 餌をうまく引き出す必要のある知育玩具です。（げんまいとうるちさん）
- ケージ以外でのお気に入りの場所を数箇所確保していました。好みが変わるたびに、人間の家具や生活用品の配置を変えていました。（mizuhoさん）
- ウサギ用のおもちゃにはほぼ興味を示しません。人間が持っているホウキやチラシを引っ張るのが好きです。手でウサギの動きを真似てちょっかいを出すと、ウサギもテンションが上がって跳び上がる、という遊びが好きです。（ほげまめさん）
- お気に入りのおもちゃは特にないですが、ホウキにはよく喧嘩売ってます。（Lunaさん）
- 一番食いつきがよかったのはトイレットペーパーの芯です。（まおさん）
- 子ども用のテント型ボールプール。半放し飼いなので勝手に入って遊んでいます。排泄やかじり癖に関してはしつけ済みです。（野菜大好きさん）
- 人間が一番のおもちゃだったみたいです。（ひろんさん）
- 自分より大きなアルパカのぬいぐるみたち。並べておくと倒したりかじったり舐めたり、腰を振ってました。女の子なのに（笑）。（くるみちゃんママさん）
- ティシューを箱からひたすら出すのは楽しそうです……。（さくさん）
- 家族と追いかけっこや走り回ることが好きなようです。（小林陽子さん）
- 黄色いボールで「うさっかー」してます！　友だちと思ってるのか、ボールに毛づくろいをする姿も見られて面白いです。（ゆさん）

室内の安全対策

ウサギを遊ばせる場所は安全でなくてはなりません。特にペットサークルではなく人の生活空間である室内に出す場合、人には問題のないものがウサギには危険な場合が多いので注意が必要です。安全にできない場合は、ペットサークルの中だけに限りましょう。

床は滑らないものに

室内、ペットサークル内での共通する注意事項です。ウサギの足の裏は毛が密に生えているため、フローリングの床では滑って踏ん張りがきかず、ウサギも不安で歩こうとしないこともありますし、足腰への負担もかかります。タイルカーペットやコルクマット、クッションフロアなどを敷くとよいでしょう。ラグマットは、滑り止めが付いているもの、洗えるものを。ジョイント式のマットだと汚れたところだけ交換できる点でも便利です。

常に見守りを

遊ばせているときは、楽しく遊んでいるか、危険そうな場所はないかなどを見守るようにしてください。改善が必要そうなところがあったら、そのうちと思わずすぐに改善を。

ペットサークル内での危険な箇所

ペットサークルとケージを合体させている場合、つなぎ目に脱走できるような隙間がないか確認を。キャスター付きのケージだと下に隙間があるため、そこから脱走しようとしたり、足場があるとペットサークルを乗り越える

こともあります。隙間は防ぎ、足場は作らないようにします。子ウサギだとサークルの隙間から脱走できてしまうので、パネルタイプのペットサークルがよいかもしれません。

かじったり食べると
危険なものへの対策

* 電気コードをかじると感電したり漏電で火災が発生する危険もあります。ウサギに届かないところをつたわるようにしたり、保護チューブでカバーするなどしておきます。
* 室内に飾られることの多い観葉植物や園芸植物には、毒性を持つ物も少なくありません（156ページ）。安全な植物でも害虫対策で殺虫剤などを使っていたり、化学肥料などの心配があるので、遊ばせる空間には置かないようにします。
* 医薬品や化粧品、洗剤、タバコ、チョコレートや、ビニールひも、輪ゴム、梱包材などをかじって食べてしまう危険があります。きちんと片づけてください。
* 家具の隙間などに入っていくことがあります。飼い主が気づいていない危険な物（電気コード、落としたままになっていた錠剤など）がひそんでいる場合もあるので、隙間には行かないようにガードしておきます。

部屋からの脱走を防止する

* ケージから出す前に部屋の戸締まりを確認する習慣をつけてください。玄関から外に出てしまったり、ベランダに出てしまうと転落する危険があります。家の中にいるとしても、「ウサギ対策」をしていない場所に行ってしまうことは危険です。

ケガの危険がある物への対策

❋ ループ状のカーペットは爪を引っ掛けるおそれがあります。カーペットはできるだけ毛足が短い物が適しています。

❋ 飛び降りたらケガをするような高い場所に行かせないようにします。ソファに登り降りできるウサギもいますが、落下事故の危険があることは知っておきましょう。また、ウサギは座卓程度の高さなら簡単に登ってしまいますし、椅子を経由してテーブルに登ることもできます。

❋ イヌやネコ、フェレットなどとは遭遇しないようにします。

飼い主が困ることを防ぐ

❋ 家具や柱をかじる場合は、コーナーガードなどで防ぎます。大切な書類や写真、書籍などは、かじられないよう片づけましょう。

❋ 壁紙をかじったり、尿スプレーすることもあります。壁用の保護シートやプラダンなどで防ぎます。

そのほかの対策

❋ 部屋がとても広く、ウサギがどこで遊んでいるのかすぐにわからないほどの場合、ペットサークルの中だけで遊ばせたほうがよいかもしれません。ウサギの遊んでいる状況が把握できることが大切です。

❋ ワンルームや、LDKの部屋でキッチンに自由に出入りできる場合には、ペットフェンス(隙間の幅と高さに注意)を使い、玄関やキッチンへの侵入を防ぐことができます。

❋ 階段の登り降りはさせないようにしてください。どうしても階段のある場所がウサギの行動範囲になってしまうときも、ペットフェンスが利用できるでしょう。

排泄の問題

必ずケージに戻って排尿するウサギもいます(ケージから出すようになる前にトイレを教えることが大切)が、室内やペットサークル内で排尿をしてしまうウサギもいます。なお、排便については通常、トイレを覚えないので、あちこちでしてしまうものです。

☐ それまでできていたのにできなくなったときは、年齢によっては思春期の問題や高齢によるもの、あるいは、泌尿器の病気がある場合も考えられます。

☐ 遊ばせて、ある程度時間が経ったら、いったんケージに戻して「トイレ休憩」の時間を作ります。ケージから出してからどのくらいの時間で排尿するかを確認しておいて、いったん戻すのもよいでしょう。排尿したら遊びの時間を再開させてあげれば、ウサギも安心するでしょう。

☐ 遊ばせているエリアの決まった場所に排尿するなら、そこにもトイレを設置し、使うように教える方法もありますが、ケージの外にあるトイレが排尿する場所だと理解してしまう可能性もあります。ケージ内で過ごさねばならないとき(入院、ペットホテル利用など)に困るので、できるかぎり、「トイレはケージの中」と覚えてもらいましょう。

まだあるこんなコミュニケーション

ウサギは飼い主と一緒に遊び、喜びの感情をたくさん見せてくれる動物で、多くの方たちがウサギといろいろなコミュニケーションを楽しんでいます。動物がどうやってものを学習するのかのしくみを理解することで、無理のない範囲でウサギの可能性を広げることができるかもしれません。

ウサギに「できること」の例

● クリッカートレーニング： 指で押すとカチッと音の出る小さな道具を使って動物のしつけやコミュニケーションを行うもので、イルカの訓練に始まり、今ではイヌやネコ、インコのほか、ウサギでも使われています。「正の強化」（後述）のしくみを用いたトレーニング方法で、ごく簡単にいうと、まずクリッカー音と一緒にごほうびを与えてクリッカー音がよいことだと理解させたのち、してほしい行動をしたときに与えるごほうびをクリッカーの音に置き換え、「クリッカー音＝ほめられた」と学習してもらいます。すぐに鳴らせる（ほめられる）のでよいタイミングで使えますし、ごほうび（おやつ）を与えすぎずにトレーニングができます。

● ラビットホッピング： アジリティの一種（いわゆる障害物競走）で、ウサギと人がチームとなって行います。ハードルを落とさずに飛び越えていく速さを競います。ハードルを越えることを教えるときにクリッカーが使われます。個性や健康状態などによって向き不向きがあります。興味がある場合はウサギ専門店などで相談してみるとよい

でしょう。

● トリック（技や芸のこと）を教える： ハイタッチやターン、握手などを覚えるウサギもいます。一例としては、おやつで誘導してウサギにターンをさせながら「ターン」といい、ターンしたらおやつを与える、というのを繰り返し、「ターン」の合図だけでターンできたらおやつを与える（クリッカートレーニングをしていればクリッカーを鳴らす）といった方法です。教えるさいの注意点は、十分に信頼関係ができてから、短時間を毎日、ウサギが飽きる前にその日の練習は終了、無理強いしない、合図の言葉や手振りは短くはっきりと、おやつやクリッカーはタイミングよく、などです。

「正の強化」とは

動物がものを学習をするしくみのうち、「ある行動をすると何かが起こるから、その行動が増える」というものを専門用語で正の強化といいます。「飼い主の声がしたときに近くに行くとおやつをもらえるから、声がしたら近くに行くようになる」というのがその一例です。動物に何かを学習させるときに活用されています。

ただし、「ケージをかじっていたら、飼い主が（やめさせようとして）おやつをくれたから、また金網をかじるようになった」というケースもあるので、「ほめる（おやつをあげる）」タイミングには注意が必要です。

ウサギの屋外散歩

「うさんぽ」とは

　「うさんぽ」は造語で、「ウサギを屋外の公園などに散歩に連れていく」という意味で使われています。

　楽しそうに見えるうさんぽですが、リスクも多いものです。ウサギは「安全な場所にいたい」と思う動物で、運動や遊びは室内だけで十分です。うさんぽはさせなくてはならないわけではありません。リスクもよく理解したうえで、行うかどうか考えてほしいと思います。

うさんぽのメリット

□好奇心旺盛な個体は、うさんぽを楽しめるかもしれません。

□土の地面の穴掘りをするなど、本来の行動を再現させることができ、運動量が増えるメリットもあります。

うさんぽのリスク

□いつもと違う環境に恐怖や不安を感じ、ずっと警戒しているウサギや、ハーネスとリードを嫌がるウサギは多いです。

□ウサギを襲う動物との遭遇が心配されます（イヌ、ネコ、カラス、トビなど）。

□ほかのウサギと会うことがあると、交尾、感染症、ケンカなどの心配があります。

□時期によっては熱中症の危険があります。

□安全ではない物を口にする危険があります（口にすると危険なごみ類、イヌネコの排泄物、毒草、安全な植物でも除草剤や農薬、化学肥料、排気ガスなどで汚染されているもの）。

□うさんぽに適した時間帯は日中ですが、

Enquête

ウサギアンケート **17**　うさんぽをしていますか？

　皆さんにうさんぽについてお聞きすると、ご回答587名のうち、連れていく方は10%ほど、連れていったことはなくその予定もない方は56%、連れていきたい方は10%という結果でした。ほかには以下のようなお声もありました。

● 昔連れていってお友だちもできましたが、引っ越して遠くなってしまったので、庭にラビットランを作りました。（こてつさん）

● 初代は毎年夏の避暑に連れて行っていました。今のウサギさんは原則屋内飼育です。ただ、窓を開けて季節を感じてもらうようにしています。（はちさん）

● ウサギに優しい虫よけスプレーをして、庭で遊ばせていました。庭には無農薬の高麗芝やシソがあり、自由に食べられるようにしました。害獣対策で常に見守りました。

（ノロくうママさん）

● 一度だけお試しで行きましたが、ビビリ過ぎてキャリーから一歩も出ることなく5分もせずに帰りました。（ゆきちゃーーーんさん）

● 外は外敵（カラス、イタチなど）に突然襲われる危険やノミ、ダニに寄生される危険もあるのでむしろ連れて行ってはいけないのではと考えています。（小林陽子さん）

本来のウサギの活動時間ではありません。

□ ほかにも、ノミやダニなどが付く、ほこりなどが目に入る、ウサギが逃げる、交通事故に遭うといったリスクがあります。

□ こうしたリスクは、ウサギ自体がうさんぽを楽しめる性格だとしても起こることです。

うさんぽをさせるなら

═══ できる条件 ═══

□ 子ウサギや高齢のウサギには向いていません。少なくとも生後半年以上経ってからがよいですが、思春期で難しい時期かもしれません。大人になって落ち着いてからの時期がよいでしょう。

□ ウサギを抱き上げて守ることができるようになっている必要があります。

═══ 準備しておくこと ═══

□ ハーネスを装着し、リードをつけて歩くことには、室内で十分に練習しておく必要があります。

□ 家から公園等まではキャリーバッグに入れて移動します。キャリーバッグにはハーネスをつけた状態で入れますが、リードをつけると体にからまるなどして危ないので、リードは現地で、キャリーバッグの中でつけます。そのさい、ウサギが飛び出して逃げないよう、「キャリーバッグの中でリードをつけて、ウサギを抱き上げて外に出す」までの練習も家でしておいてください。

═══ 場所や時期 ═══

□ うさんぽの場所は安全第一で選んでください。あらかじめ下見をし、ウサギを襲う動物との遭遇がなく、除草剤などが使われていない場所、自動車道路がそばにない場所かどうかなどを確認します。

□ ウサギにとって快適な季節や時間帯を選んでください。真夏は厳禁ですが初夏や初秋でも暑い時期はあります。真冬も避けます。春や秋の、暑すぎず寒すぎないときがよい時期で、時間帯は寒暖の差が少ない日中がよいのですが、本来ならウサギの休息時間です。

═══ うさんぽ中 ═══

□ フレキシブルリードやロングリードは使わないでください。ウサギの動きを制御しにくく、周りの人が引っ掛かるなどして危険です。

□ 無理に引っぱったりせずウサギの動きに合わせてください。ついていけないくらい走り回るウサギだと危険ですし、じっとしているのは不安からかもしれません。安全なうさんぽが無理なら、中断しましょう。

□ ウサギに興味を持って寄ってくる子どもや大人がいても、抱っこさせるようなことはしないでください。落とす危険や、ウサギが噛みついたり蹴ったりする危険もあります。「うちのイヌは大丈夫だから」といわれてもイヌと接触させるのはやめましょう。

□ ときどきキャリーバッグに戻して休憩させましょう。飲むようなら水も与えます。

□ イヌの散歩などと同様にウサギのした排泄物は持ち帰って処理します。

═══ 帰宅後 ═══

□ 帰宅したら全身のチェックを。足の裏の汚れやごみなどを取り、体はブラッシングしながらごみや虫がついていないか確認します。数日はいつも以上の健康チェックを。

ライフステージ別のコミュニケーション

シニアウサギとの
コミュニケーション

　若い頃には元気いっぱいだったウサギがシニアになったとき、それまで以上に気持ちが通じ合えるようなこともあるものです。よそよそしかったウサギが甘えてくるようになることもあります。

　運動量が減ってきたりもしますが、危ないからとリスク回避をしすぎず（大事なことですが）、シニアでもまだ持っている能力をしっかりと使え、安全にできる遊びやコミュニケーションを見つけてあげましょう。新しいおもちゃなどの刺激が気持ちを上げてくれることもあるかもしれません。ただし、疲れやすくもなる年齢なので、様子を見ながら行うことも大切です。

　一方では、若いときのようにはできないことが増えてくることに心細くなったり自信をなくすウサギもいます。常にやさしく声をかけてあげましょう。

大人のウサギとの
コミュニケーション

　個体差はありますが、思春期に扱いにくかったウサギも3歳くらいになると落ち着いてくることが多く、飼い主ともあらためてよい関係を作れる時期になるでしょう。いろいろな遊びやコミュニケーションを取り入れながら、体も頭も使う機会をたくさん作ってください。食べられる物のレパートリーを増やすのがよいことなのと同じように、遊びのメニューも多いと、シニアになってからでもできる遊びの可能性も広がります。

子ウサギとのコミュニケーション

　まだ子ウサギの頃は抱っこもできたり甘えてきたりとかわいく楽しい時期です。自分の体力以上に遊び回って疲れてしまうことのないように気を付けてください。

　信頼関係を作っていくときでもあります。よい環境を作り、世話をするときは声をかけるなどしながら、大切に思っているのだということを伝えましょう。

　思春期（165ページ参照）というやっかいな時期も来ますが、多くの場合、避けては通れない発達段階です。「大人への階段を上っているんだ」と思って、おおらかに受け止めてあげられるとよいでしょう。

ウサギアンケート 18 わが家のコミュニケーション

❶ウサギとのコミュニケーションになにか工夫をしていたら教えてください。

❷ウサギとの絆を感じさせてくれるエピソードがあれば教えてください。

●❶ベッタリさんタイプですので、気がつくと隣にピタっとしてくれることが多く、ナデナデが大好きです。❷今年の春に大きく体調を崩しました。神経症状により、立つことも自力で食べたり飲んだりすることもできない状態になりました。私と主人で交代しながら、なんとか自力で食べられるまでに回復できました。うちの子自身が頑張ってくれたとともに私たちに身を委ね、頼ってくれたように感じ、ますます可愛くなりました。病気は大変ですが、うちの子との絆が深くなったように思います。（つねかぁさん）

●❶スピードや圧の強さ、方向など、なで方のバリエーションをたくさん用意しています。❷スマホを見ているとスマホと私の間にジャンプして割り込んできます。（あいかさん）

●❶新居を建設するにあたり、専用の部屋を用意するよりも生活を共にしたいと考え、リビングダイニングに設置した仕事用カウンターテーブルの下半分にサークルを置けるよう設計しました。寝る前には、ケガをしないように、チモ

シーをたくさん食べるように、寒くないように、いい夢をみてね、など大切な存在であることを毎日必ず伝えています。❷何か思い悩んでいたり体調が悪いと必ずそっと寄り添ってくれます。私たちが食事していると、必ず一緒に何か食べようとしてくれます。（こてつさん）

●❶とにかく声をかけてなでてあげます。へやんぽ中は必ずお腹の張りを確認して、マッサージします。❷うちのウサギはドライなほうですが、名前を呼ぶと反応してくれたり、いつも寝る前になでているので、時間になるとなでて〜とくるので嬉しいです。（小枝さん）

●❶好かれるために、なるべくこちらからぐいぐい行かないように気をつけています。ウサギからぐいぐい来たときは喜んで遊びます。❷誰にでも人懐こいタイプなのに、数日留守にすると、そのあと明らかに甘えん坊になります。私のことは特別だと思ってくれている気がします。
（ランプさん）

●❶あまり構われるのは好きでないようなので、ストレスにならない程度に、リラックスしてくれているときになでるなどスキンシップしています。❷うるさいと足ダンをして怒るのに、子どもが産まれてから泣き声が聞こえても、子どもに対しては怒りませんでした。（マナママさん）

●❶放っておかれるのも構いすぎるのも嫌いなので、様子を見つつ接しています。ウサギのやり方で感情表現を心掛けています。指でつんつん

したり、手をウサギに見立ててジャンプの真似をすると喜びます。できるだけ話しかけています。❷へやんぽ中に家族が部屋から出ると、どこにいても気づいて心配そうにしています。部屋に戻ると小躍りします。入院中、ご飯を食べないということだったので面会に行き、牧草を手渡ししたら食べてくれて退院できました。

（ほげまめさん）

● ❶保護っ子たちは、まずは人間の手に慣れてもらうように根気強く接します。パンチや噛むことも多いので、手はお友だちだよと教えます。抱っこも重要なので、少しずつですが抱っこの練習もします。へやんぽのときは、短い時間でも一緒のスペースにいるようにします。❷すごく噛む子で根気強く接していました。病気をしてから身を任せてくれるようになりました。（レンさん）

● ❶かわいいねー！と連呼しています。❷夫婦喧嘩を止めてくれたことがあります。ちょうどお部屋散歩のときに口論になってしまったのですが、私たちの間を行ったり来たりして、私の手を舐めたり、膝に乗ったり、頭を滑り込ませたりしてなでてくれといわんばかりに愛嬌を振りまいていました。いつもはそんな素振りを全くしないので驚いたと同時に、ウサギも人の気持ちの変化に敏感なんだなと感じました。

（えりんごさん）

● ❶偏屈な性格で、名前にも反応しないし、なでようとしてもすぐに逃げます。ボディタッチをともなうコミュニケーションは私が低く四つん這いになってゆっくり近づき、おでこ同士をくっ付け

ます。そうするとなでさせてくれることが多いです（笑）。❷以前に飼っていたハリネズミが癌になり、お別れしたときは、その前後の約1週間、定位置から動かずおとなしくしてくれました。亡くなる3〜4日前に泣いてばかりいると、特に理由もなく強い足ダンを繰り返しました。私は「おかーさん！ 弱音を吐かないでちゃんとお世話してあげて！」と励ましてくれたと思っています。

（かんなさん）

● ❶ウサギが一番元気のいいときにへやんぽさせています（朝5時くらいから）。人間の都合のいい時間は眠いみたいで動かないので…。いつも話しかけておしゃべりするようにしています。❷へやんぽしてるとき、飼い主のそばから離れません。（donamacさん）

● ❶なでてほしいときは寄ってくるので存分になでますが、そうでないときは基本あまりベタベタ触らないようにしています（本当はずっと触っていたいです（笑））。❷10回に1回ぐらい、呼んだら来てくれることです。たまに来てくれるからこそ愛おしい！（ゴンチャロフさん）

● ❶遊んでほしいときやかまってほしいときはアピールしてくれるので、なるべく応えて遊ぶようにしています。また、飼い主の声色や機嫌を敏感に読み取るので、優しい声で接してあげるようにしています。❷飼い主の体調が悪いときなどに横になっていると、心配してくれているのか

ずっとそばにいてくれます。（なるみさん）

○ ❶たくさん話しかけます。話せば話すほど意思疎通できる気がします。❷想像以上にこちらの思いを汲んでくれます。先代の子はうちに来たときから頻繁にうっ滞を起こしており、最後もうっ滞で2歳10ヵ月で亡くなりました。最後の最後まで私たちの食べてほしい、胃腸が動いてほしいという思いを感じ取ったのか、野菜の器に向かって何度も食べようとしては力なく頭を落とした姿が忘れられません。（saoriさん）

○ ❶好物をあげるさいは必ず名前を呼び、名前と嬉しいことをひもづけています。❷こちらの体調不良のとき、いつもへやんぽは自分から戻らないのに短い時間で戻ってくれたり、驚いたときには走って私の後ろに隠れたりそばに来たりしてくれると、頼られていると感じます。
（さわらさん）

○ ❶とにかく甘ったれの男子ウサギなので、ケガさせないよう、人間が歩くときは基本すり足にしています。いきなり触らないように、声をかけたり、手のひらのにおいをかがせたりしています。❷先代ウサギのししまるが11歳半で歩けなくなり強制給餌などの介護していたとき、ウサギ本人はすっかり生きることを諦めていたけど、涙ながらに頑張ってほしいこと、ご飯を食べないと死んじゃうよって伝えたら、人間の手

を借りれば生きていける？ と気がついたのかそこからは介護を受け入れ、意思疎通ができた気がします。一年近く頑張ってくれて、人間たちも心の準備ができたように思います。長く生きれば生きるほど通じるものだと感じました。
（茶うさ番長さん）

○ ❶家族で話が盛り上がっているときなどは疎外感を覚えやすいようなので、なでるようにしています。また、ブラッシングが大嫌いなようなので、なでるついでに抜ける毛を集めています。❷現在私は一人住まいで、ウサギさんは実家にいますが、毎月帰省の度に甘えてなでさせてくれます。毎日の食事の支度は家族がしており、ほとんど接触がなくなってしまったにも関わらず覚えてくれています。（テトラ専属なで係さん）

○ ❶とにかくいつもしゃべりかけてます。部屋からちょっと出るときでも声をかけてから行動します。❷言葉をよく理解してくれてますし、ウサギもしっかり希望を伝えてきます。「チモシー入れて」などは、お皿と私を交互にチラチラ見ます。保護っ子で雨音や鳥の声が嫌いだったのですが、「これからはもう大丈夫、母ちゃん見張ってるから怖いことはないよ」と伝えるとビクビクしてたのに腕に寄りかかってゴロン寝したときは信頼してもらえたのだと感動しました。
（ちろさん）

○ ❶へやんぽ中は自由にしていて、寄ってきたらなでなでしてます。❷お月様へ行った子の話です。抱っこ、なでなで大好き、そしていつもペロペロしてくれる子でしたが、顔を近づけられるのは嫌いで、近づけると前足で押し返してきていました。月へ行ってしまう少し前には、自分の死期をわかっていたのか、顔をペロペロしてくれて、ありがとうが伝わってきました。
（ゆみさん）

ウサギの繁殖基本情報

はじめに

　ここではウサギの繁殖に関する基本情報をご紹介します。繁殖にはウサギの繁殖生理や遺伝などに関する知識、健康な個体選びや繁殖を成功させる環境作りに関する知識、生まれた子ウサギへの責任、母ウサギが出産に耐えられなかったり、生まれた子ウサギに問題があるなどさまざまな覚悟が必要です。無計画な繁殖や安易な気持ちでの繁殖はおすすめできません。

　メスは避妊手術が推奨されることも多く、オスも問題行動回避のため去勢手術を受ける個体も少なくない中、家庭での繁殖は一般的なものではなくなりつつあるのかもしれません。

　ここではウサギという動物への理解のひとつとして繁殖情報をご紹介します。

ウサギの繁殖生理

性成熟

　生殖活動ができるようになることです。オスは精巣が発達して精子が作られ、射精できるようになり、メスは卵巣が発達して卵子が作られ、排卵が起こります。

　性成熟が始まることを春機発動といい、その時期は、メスでは小型種は生後4〜5ヵ月、中型種は4〜8ヵ月、大型種は9〜12ヵ月、オスでは生後7〜8ヵ月です。飼育環境などによって個体差はあります。オスの性成熟は生後4ヵ月からとする資料もあるので、子ウサギであっても、オスとメスを一緒にしておけば妊娠の可能性はあります。

繁殖適期

　性成熟は繁殖に関わる体の機能ができあがったことであり、体全体の成長はまだ続いています。繁殖させるのに適した時期は性成熟後、体がしっかりと成長してからが望ましいです。繁殖させられるメスの年齢は3歳までがよいとされています。

発情周期

　ウサギは一年中、繁殖が可能ですが、メスには14〜17日の発情期と、1〜6日の休止期（オスを受け入れない）があります。

発情しているときは外陰部がうっ血します。

オスは、性成熟後はいつでも交尾が可能です。

交尾排卵

排卵には一定期間で排卵を繰り返す自然排卵と、交尾による刺激で排卵が起こる交尾排卵があり、ウサギは交尾排卵動物です。交尾後9〜13時間で排卵し、受精すると排卵から7〜8日で子宮内に着床、妊娠が成立します。

後分娩発情

分娩後に発情が起こることをいい、ウサギには後分娩発情があるとされます。

胎仔の吸収

お腹の中で胎仔の成長が順調でないと体内で吸収されます。妊娠後11〜15日と20〜21日に多いといわれます。

妊娠期間

平均30〜32日です。

交尾後、10〜14日たつと、腹部を触って胎仔があることがわかるようになります。

妊娠後期になると巣作りを始めます。肉垂や乳腺周囲の被毛を自分で抜き、牧草などと一緒に出産、子育て用の巣を作ります。この時期は、ホルモンの変化により被毛が抜けやすくなっています。乳腺周囲の被毛を抜くのは、乳頭をわかりやすくするためといわれます。野生下では地下の巣穴が産室になりますが、飼育下では巣箱が必要です。

妊娠末期になると下腹部が張って乳腺が目立ち、泌乳が見られることもあります。

出産

出産は明け方に行われることが多いようです。生まれてくるウサギは被毛も生えず、目も開いていない状態です。

子ウサギは、母ウサギが巣にしてある糞便のにおいで母親を認識し、乳腺から分泌されるフェロモンで乳頭の位置を把握して母乳を飲みます。

乳頭は通常4対で、腋のそば、胸部、腹部、鼠径部にあります。

産子数

小型種は4〜5匹、大型種は8〜12匹です。

ウサギの子育ての特徴

母ウサギが子ウサギに授乳するのは1日1回程度で（22時間に1〜2回ほどとされる）、夜から早朝にかけて、長くても5分ほどの短い時間、行われます。このときに体重の20%の母乳を飲むとされています。

母乳のタンパク質は13.9%、脂質は18.3%と、とても栄養価が高いものとなっています（タンパク質10.4%、脂質12.2%、また、脂質15.3%とする資料もあります）。

ハムスターなど晩成性の動物では通常、まだ自分で体温調節ができない子どもの体を母親がよりそって温めますが、ウサギは授乳が終わると巣から離れ

てしまいます。子どもたちは体を温かく守るため、巣材の中にもぐりこみ、母親が授乳をしに戻ってくるのを待ちます。また、晩成性の動物では子どもの排泄を促すために母親が下腹部をなめて刺激することが行われますが、ウサギの子どもは刺激なしに排泄することができ、ミルクを飲んだあとは巣材の表面で排泄をしてから巣材の中にもぐりこみます。

子ウサギの成長過程

出　産………生まれたときの体重は30
　　　　　　～60ｇです（品種などによる）
生後2～3日 …被毛が生え始めます
生後7日 ……耳の穴が開きます
生後8日 ……巣材をかじり始めます
生後10日……この頃には目が開きます
　　　　　　（生後7～13日）
生後12日……この頃までには巣材だけ
　　　　　　でなく母ウサギの硬便を
　　　　　　食べ、このことによって腸
　　　　　　内細菌叢の形成が促進さ
　　　　　　れます
生後15～18日…この頃になると巣穴から出
　　　　　　てくるようになり、固形の
　　　　　　食べ物に興味を示します
生後3週 ……この頃になると食糞を始
　　　　　　めます
生後4週 ……自力で事ができるよう
　　　　　　になります
生後6週 ……この時期をすぎると消化
　　　　　　機能がしっかりしてきます
　　　　　　が、離乳は生後8週以降
　　　　　　が望ましいです。

ウサギの繁殖行動

発情

　発情期、メスはなわばり意識が強くなり、落ち着きがなくなります。食欲が落ちることもあります。腰部に手を当てるとロードシス反応（腰を少し上げ、交尾を許容する姿勢）が見られます。

　オスは、なわばりの主張、メスへのアピールのための尿スプレー、排便でのマーキング、マウンティング行動が見られます。

　こうした発情にともなう行動が、飼育下では問題行動となります。

交尾

　ウサギの交尾はとても短く、1～2分ほどで終わります。

　オスはメスのにおいをかぐ、追いかける、尾を立てる、周りを跳ね回る、尿をかけるといった行動をし、メスはロードシス反応を示します。オスはメスを後ろから抱きかかえるようにして交尾します。射精するとオスはキーッと鳴いてメスの後ろや横に倒れこみ、スタンピングを繰り返します。交尾は数回、繰り返されることもあります。

　交尾時間が短いため、ごく短時間でもオスとメスが一緒になることがあると、妊娠してしまいます。

妊娠、子育て中のメス

　子ウサギのいる巣に滞在する時間はごく短いですが、育児を放棄しているわけ

ではなく、子ウサギを守る戦略のひとつです。巣を守るために攻撃的になります。

ストレスを与えることが育児放棄につながることがあるので注意が必要です。また、食べ物や飲み水が不足すると十分な母乳が出ないおそれがあるので、この時期は高タンパクな食事と十分な飲み水が必要となります。

偽妊娠

マウンティングされることなどの刺激によって排卵が誘発され、妊娠しているかのような状態になることです。起こったときは約14〜18日間続きます。

妊娠中と同じような変化があり、乳腺が腫れたり、泌乳が見られたりします。巣作り行動を行い、牧草を口にくわえて運んだり、肉垂などから被毛をむしります。

通常よりも被毛を飲み込むことが多く

なるため、便の状態などにも注意しましょう。

育児放棄

母ウサギが授乳のとき以外は子ウサギのそばにいないのは正常なことなので心配はありませんが、授乳をせず、育児放棄をする場合がまれにあります。

子どもを安心して育てられる環境になっていないと（巣がない、騒がしい、落ち着かない、食べ物などの不足など）、リスクを負ってまで子育てをするより、次の機会に備えて子育てをやめてしまいます。

ウサギではあまり見られませんが、動物には子食いという行動があります。ハムスターなどではよく起こります。死産、衰弱したり体に異常があって育てられないと判断した子どもだったり、母親が神経質で落ち着きがない、食べ物の不足などが原因で起こると考えられます。

繁殖に関わる行動には、偽妊娠によって自分の被毛をむしる、においつけアピールのために尿をふりまくといったことや、おもちゃや人の手足への疑似行動などがあります。

子ウサギの成長過程

Growth process of baby rabbits

ウサギの里親募集があると聞いて見学に行った@bunny_omochiさん。生後1〜2ヵ月ほどの子ども2匹と一緒にいる日本アンゴラのおもちちゃんと出会いました。3匹とも迎えようと引き取る準備をしていたところ、その間に子どもたちは他の方が引き取っており、おもちちゃんだけを連れて帰ることになりました。

そしてお迎えから1週間、予想もしていなかった出来事が！ おもちちゃんが出産したのです。急なことで困惑したという@bunny_omochiさんですが、もともと3匹迎える予定だったので大きめのおうちを作っていたことや、ワラなどをたくさん敷いていたことから、おもちちゃんも巣作りができ、無事に出産できました。

おもちちゃん。今では珍しい日本アンゴラです。

迎える段階では、妊娠の可能性についての情報もなく、お腹が大きいわけでもなかったのですが、思えばよく水を飲み、よく食べており、迎えてすぐに巣作りも始めたのだそう。おもちちゃんも子育て経験がありましたから、子どもたちもすくすくと成長してくれました。

生後1日目

誕生。ママが巣作りしたベッドの中にピンクの皮膚が見えています。

生後3日目

うっすらと白い被毛が生えてきました。

生後8日目

まだお目々は閉じていますが、立派なおひげが生えています。

生後
10日目

きょうだいみんなで集まって暖かく。

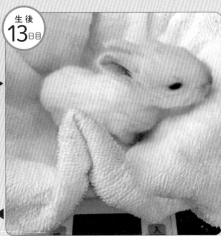

生後
13日目

目が開きました！ 体重は127g。

生後
15日目

まだ手のひらサイズですが、すっかり子ウサギらしくなりました。

生後
18日目

ママのおもちちゃんと一緒にごはんタイムです。

生後
1ヵ月

この頃から毛づくろいも自分でするようになりました。

生後
1ヵ月半

きょうだい仲良く並んでペレットを食べています。

生後
3ヵ月

子ウサギのうちの1匹、おめしちゃん。1350ｇになりました。

繁殖に必要な遺伝の知識とは

　繁殖にあたって必要となる知識のひとつに、「遺伝」があります。生殖によって、両親から子どもへと形質が伝わる現象のことをいいます。

　形質には、被毛の色や体型などの体の特徴、体質などさまざまなものがあり、動物の新しい品種を作り出したいときには、遺伝的に改良して新品種が作られます。生まれてくる子どもの毛色も遺伝子の組み合わせによって決まります。

　こうしたことだけでなく、病気にも遺伝するものがあることを知っておかなくてはなりません。ウサギでは不正咬合、巨大結腸症、尿路結石症などの病気には遺伝的な要因もあるといわれ、また、消化器官の働きがよくないことなどの体質に遺伝性のものもあるとされています。

　「ネザーランドドワーフ」などの小型のウサギはとても人気があります。小型であることは、ドワーフ遺伝子と呼ばれる遺伝子に関係しています。

　体の大きさを決める遺伝子に関して、両親から、ドワーフ遺伝子とノーマル遺伝子をひとつずつ受け継ぐと、小型の子ウサギが誕生します。ところがドワーフ遺伝子をふたつ受け継いだ場合には、体がきわめて小さく通称ピーナッツと呼ばれる子ウサギが生まれ、多くの場合、成長できずに死亡します。ノーマル遺伝子をふたつ受け継いだ場合には、小型になることに関わる遺伝子を受け継いで

いないので、通常のネザーランドドワーフよりも体の大きなウサギが生まれます。ドワーフ遺伝子とノーマル遺伝子をひとつずつ受け継いでいるものをトゥルードワーフ、ノーマル遺伝子をふたつ受け継いでいるものをフォースドワーフと称することもあります。

　「ネザーランドドワーフを飼っているので子どもを産ませたい」と思っても、単純に「ネザーランドドワーフ同士をかけあわせればよい」というものではなく、遺伝についての理解が必要となるわけです。

　ドワーフ遺伝子を持っている品種には「ネザーランドドワーフ」のほかに「ドワーフホト」、「ホーランドロップ」、「ミニレッキス」などいくつかの品種が知られています。

　このように、「ネザーランドドワーフ同士を繁殖させたら小型のネザーランドドワーフが生まれる」という簡単なものではありません。

　また、巨大結腸症は特定の品種とスポット柄の模様を出す遺伝子に関わっていて、スポット柄をふたつ受け継いだ場合に特徴的な柄（全身にはほぼ柄が入らず、鼻の両側に柄が入る。チャーリーと呼ばれる）が見られ、巨大結腸症を発症しやすいという形質も受け継いでいます（巨大結腸症については202ページ参照）。

　繁殖には生まれてくるウサギたちや、そののちのウサギたちのためにも、遺伝の知識が必要となるのです。

ウサギの
健康と病気

健康を守るために必要なこと

健康のためのポイント

ウサギという動物への理解

　ウサギがどういった動物なのかを理解することが大切です。生涯に渡って歯が伸び続けるといった体の特徴や、盲腸便を食べる、穴掘り行動をする、におい付けをするといった本能的な行動が飼育下でも見られること、草食動物だという食性について、また、常に捕食者に狙われる存在だったため警戒心が強く、ストレスに弱い動物だということなどがあります。

適切な食生活

　ウサギは草食動物で、飼育下でも十分な量の繊維質を摂取する必要があります。大人のウサギの主食はチモシーなどのイネ科牧草です。不適切な食べ物を与えているとさまざまな病気を起こしやすくなるため、適切な食生活はとても重要です。

ストレスを避ける

　ストレスがかかることで病気を発症することもよくあります。ウサギが恐怖や不安を感じる状況、温度や湿度、騒音や振動、不衛生、狭さ、退屈、運動不足といった飼育環境、体の痛みや不快感、そのウサギが不快や恐怖を感じるレベルの接し方など、ウサギに与えてはいけないストレスは数多くあります。

適度なコミュニケーション

　ウサギの健康を守るためにコミュニケーションは大切です。人との生活で感じるストレスを軽減させるために慣らすことや、健康チェックや体のケアをできるようにすることは大切です。飼い主とどの程度のコミュニケーションを望んでいるかは個体によって異なります。かまわれたくないウサギをかまいすぎるのはストレスになるので、個体に応じた適度なコミュニケーションを取りましょう。

適切な体のケア

　ブラッシングや爪切りといったケアを適切に行うことで防げる病気やケガもあります。ただし、特に爪切りは、ウサギの中には激しく抵抗する個体もいて、家庭で行うのは難しいこともあります。その場合はウサギ専門店や動物病院でやってもらうとよいでしょう。

適切な飼育環境

　ケージ内は安全で快適か(適切にトイレ掃除をしているか、床が硬かったり不衛生になったりして

いないか、ゆっくり休息できるかなど）、ウサギのいる場所の温度は適切か（特に夏場はエアコンでの温度管理が必要）、明暗のリズムは作れているか（一日中明るいようなことのないようにする）、ウサギを遊ばせる室内に危険はないか（電気コードをかじらないようにしてあるかなど）といったことに注意が必要です。

適度な運動

ウサギが体を動かす機会をできるだけ作りましょう。安全な室内、あるいはペットサークルの中で自由に動き回る時間を作ることが、ウサギの健康にもよいですし、体の動きの異常などに気がつく機会にもなるでしょう。

病気の早期発見を心がける

多くの病気は、早期発見をすればそれだけ治癒が可能だったり、悪化を防げたりします。ウサギとの生活の中に健康チェックを取り入れましょう。また、年に一度（高齢になってきたら半年〜3ヵ月に一度など）、動物病院で健康診断を受けるようにし、体調の変化や病気の早期発見を心がけましょう。

先を見据えた飼育管理

高齢のウサギ介護が必要となったり、年齢に関わらず病気やケガのために看護が必要となることもあります。そのときになるべくウサギに負担をかけずに体のケアや食事の手助けなどをするため、ウサギが若くて健康なときにハンドリングに慣らしたり、ときどきシリンジから好物を与えてシリンジの扱いに慣らすなど、先を見据えた飼育管理を行っておくとよいでしょう。キャリーバッグに入れることも、慣らしておくとよいことのひとつです。

気づいたことは記録しておこう

ウサギの様子でちょっと気になることがあったとき、いつもと違うことがあったとき（急に暑くなったり寒くなった、来客が多かったなど）、いつもと違う飼育管理をしたとき（ペレットの種類を変えたなど）には記録しておくとよいでしょう。メモしておいたり、ペットの健康記録用のスマホアプリを利用するのもよいでしょう。

記録を取っておくと、体調が悪くなったときに「これがきっかけだったかもしれない」などわかる場合もあります。動物病院で診察を受けるときには持参するとよいでしょう。しぐさや行動に異常が見られるときはスマートフォンで動画撮影をしておいて獣医師に見てもらうのもよい方法です。

ウサギの寿命

獣医療の進歩、飼育用品やフード類の進歩、そして適切な飼育管理を行う飼い主が増えたこと、避妊手術を受けるウサギが増えたことなどにより、ウサギの寿命は長くなりました。

国内での調査によると、適切な飼育管理をされたウサギの平均的な寿命は7歳ほどで、オスのほうが、また、小型種のほうが長生きだという傾向があります。

海外の飼育情報では8〜12歳とするものもあります。実際にも10歳を超えるウサギは多く、12歳以上というウサギも珍しくありませんし、少ないですが15歳というウサギもいます。18歳10ヵ月生きたというウサギがギネス世界記録に認定されています。

また、本書制作にあたって飼い主の皆さんに「これまでに飼育してきたウサギのうち、最高年齢を教えてください」というアンケートを行ったところ、平均は8歳、最も多かった年齢は7歳で、最長寿は15歳8ヵ月という結果でした。

このように、ウサギは長い時間を私たちとともに暮らしてくれる動物なのだということがわかります。

ただ、愛情をこめて適切な飼育管理をしていても、持って生まれた寿命が短いこともあったり、あまり適切な飼い方をしていなくても長生きするということもあり、長生きできるかどうかは個体差という要素も大きいのではないかと思われます。そのウサギが持って生まれた天寿をまっとうできるようにサポートすることが大切なことだと思います。

サプリメント

多くのウサギ用サプリメントが市販されており、利用している方も多いでしょう。実際、与えていてよい効果を感じているという場合もあると思います。ただ残念ながらすべてのサプリメントがよいものとはいい切れません。サプリメントを選ぶときは、どんな成分が含まれていて、どういったしくみでウサギの健康に役立つのかをよく確認してみてください。

まずは牧草を中心とした食生活とストレスを与えない飼育管理を行ったうえで、気になる体調変化があるなら動物病院で診察を受けることが大切です。治療で治る症状もありますし、動物病院によっては適切なサプリメントを処方してもらえる場合もあるでしょう。与えたいサプリメントがあれば相談してみることをおすすめします。

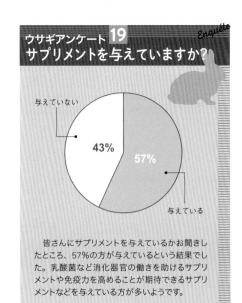

Enquête

ウサギアンケート 19
サプリメントを与えていますか？

与えていない 43%

57% 与えている

皆さんにサプリメントを与えているかお聞きしたところ、57%の方が与えているという結果でした。乳酸菌など消化器官の働きを助けるサプリメントや免疫力を高めることが期待できるサプリメントなどを与えている方が多いようです。

避妊去勢手術

　ウサギのメスでは主に子宮疾患を予防するために、オスでは主に問題行動を予防するために避妊去勢手術が行われます。特にメスでは子宮疾患の発症率が高いため、避妊手術が推奨されることが多くなっています。オスにも精巣腫瘍などの心配はありますが、どちらかというとなわばりを主張するための尿スプレーや攻撃行動、マウンティングといった性行動を減少させたいという目的で去勢手術を受けることが多いでしょう。また、無計画な繁殖を防ぎ、多頭飼育崩壊が起きないようにするためにも、オスとメスが接する可能性のある場合には、避妊去勢手術を検討するべきでしょう。

　手術を受ける時期は生後6ヵ月くらいになった頃がよく、1歳までに行うのがよいとされています。メスでは年齢を重ねると子宮の周囲に脂肪が蓄積して手術がしにくくなったり、オスの問題行動を予防するために行う場合、例えばマウンティングなどの習性が身についてしまってからだと、手術をしてもその習性は残っていることもあるようです。このようなことから手術の時期も大事です。ウサギを迎えたら獣医師と手術の時期について相談しておくとよいでしょう。

　オスの場合は、陰茎基部の皮膚を切開して精巣を取り除く手術などの方法で、入院しなくてもよいことが多いですが、メスは開腹して子宮卵巣摘出手術を行うため、入院する場合もあります。メリットやリスクについて獣医師の説明を受け、不安なことがあればよく相談して決めてください。

　なお、オスは去勢手術をしたあとも4週間ほどは（6週間とする資料もある）精子が残っており、その間に交尾をすれば妊娠の可能性があります。去勢手術後もしばらくの間はメスと一緒にしないようにしてください。

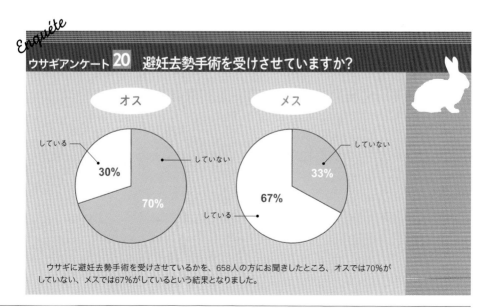

Enquête

ウサギアンケート 20　避妊去勢手術を受けさせていますか？

オス

している　30%
していない　70%

メス

していない　33%
している　67%

ウサギに避妊去勢手術を受けさせているかを、658人の方にお聞きしたところ、オスでは70%がしていない、メスでは67%がしているという結果となりました。

動物病院を探しておこう

動物病院探しは早めに

ウサギを迎えることになったら早い時期に動物病院を探しておきましょう。

ウサギの診察をしてもらえる動物病院は以前に比べればかなり多くなり、ウサギ専門の動物病院も見られるようになりました。しかし残念ながら地域による偏りもあり、都市部には多くても地方には少ないという傾向があります。

動物病院というとイヌやネコの診察を主体としている病院が多いのですが、イヌやネコとウサギでは体のしくみや扱い方などに大きな違いがあり、同じ動物ではあっても、どこの動物病院でも診察してもらえるとは限りません。「近所に動物病院があるから安心」と思っていても、実はウサギの診察はしていな

いというケースもあります。

そのためウサギの具合が悪くなってから動物病院を探そうとしても、なかなか見つからなかったり、納得のいく診療が受けられなかったり、見つかったときには病状が進行しているというようなことも起こります。

動物病院の探し方

インターネットで地域の動物病院を検索し、ウサギの診察をしているか確認しましょう。動物病院によっては、特定の獣医師や特定の曜日だけウサギの診察をしているといったこともあるので、詳細を確認してください。

緊急時を考えると動物病院は近くにあったほうがよいのですが、専門的な治療を行う動物病院は必ずしもどこにでもあるとは限り

動物病院で伝えられるように準備しておくこと

自分が病院に診察を受けに行くなら、どこが痛いのかなど自分の体のことを自分で伝えますが、ウサギの診察ではそういうわけにはいきません。ウサギの体に何が起きているかを獣医師に伝えるには、具体的で客観的な情報が大切になります。例えば「食欲がない」といっても、まったく何も食べないのか、おやつなら食べるのか、いつからなのかなど、伝えるべき情報はいろいろとあります。緊急時以外には、情報

をまとめてから行くとよいでしょう。

性別（避妊去勢手術しているかどうか）、年齢、病歴、食事の内容、与えているならサプリメントの種類、飼育環境（写真があるとよいでしょう）、排泄物の状態、日常の生活（運動量、コミュニケーションの度合い、何か変わったことがあれば何があったかなど）、また、具合が悪いならそれはいつからで、どういった様子が見られたのかなどの情報があるとよいでしょう。

ませんし、動物病院には診療時間や休診日があります。そこで例えば、少し遠くてもウサギにとても詳しい動物病院をかかりつけ医にし、近所にあるウサギの診療をしてもらえる動物病院や、かかりつけ動物病院の休診日や診療時間外に診てもらえる夜間動物病院なども探しておくという方法もあります。

動物病院を探すに当たっては「クチコミ」も情報のひとつで、役に立つこともあります。ただしクチコミは主観的な意見も多いことを理解したうえで参考にするとよいでしょう。

かかりつけ医にしたいと思う動物病院があったら、まずは健康診断を受けに行くとよいでしょう。実際に獣医師とお話をすることで、詳しく説明をしてくれるのか、質問をしやすいのかなどもわかるかと思います。

ペット保険

ウサギの治療に当たり、その内容によっては高額な医療費がかかることもあります。

そのときに助けになるのがペット保険です。加入して所定の保険料を支払うと、保険会社が医療費の一部または全額を負担します。イヌネコ対象のものが多いですが、ウサギが加入対象となっているペット保険も数社あります。

加入を検討しているのならば、加入条件（新規加入の年齢、継続できる年齢、既往症など）、保険料、対応動物病院（すべての病院、提携病院など）、待機期間（加入してから保障が始まるまでの期間）、保障の範囲（通院、入院、手術。病気の種類による違いなど）、支払限度額や回数、精算方法（病院に支払う診療費が安くなる、後日支払った分が戻ってくる）などの諸条件を確認しましょう。加入していても、生涯、利用する機会がなかったり、対象外での通院ばかりということもありますのでよく考えて決めるとよいでしょう。

ペット保険に入る代わりに、「医療費貯金」をしておくという方法もあります。いずれにしても、万が一のための準備をしておくのはとてもよいことです。

Enquête

ウサギアンケート 21　ペット保険に入っていますか？

皆さんにペット保険に入って加入しているかをお聞きしたところ、598人中入っている方が20%、入っていない方が65%、過去に入っていた方が4%、また、ペット保険には入っていないがペット貯金をしている方が11%という結果でした。入っていない方には「検討中」や「年齢制限で入れなかった」という方たちもいらっしゃいました。入っていてよかったと思ったことがあるかお聞きしたところ、このような声をいただきました。

- 少し病院に行こうか迷う症状でも、費用のことをある程度気にせず通院できるので助かっています。（てとママさん）
- 使ったことはないし、これからもないかもしれないけど、何かのときに金銭面の不安がないという安心を得られます。（やまさんちさん）
- 夜間往診の先生に来てもらい、費用が高額だったとき、入っていてよかったと思いました。（はねうさぎさん）
- 以前飼っていた子のときに高額な医療費が保険で助かったため、今の子にも継続して掛けています。（ゆきちさん）

ch 08

ウサギの健康と病気

日々の健康チェック

健康チェックの目的

ウサギは、言葉では体調不良を教えてくれません。ウサギのような小動物は、弱っている様子を見せると外敵に捕食されやすくなるため、体調が悪くてもそうした様子を見せないようにする傾向があります。そのため、明らかにおかしいと気がついたときには病状が進行しているということもあります。

健康チェックを行うことで、健康状態の変化にいち早く気づくことができます。それによって、早くに治療を始めることができたり、環境改善を行うことができたりすれば、状況が悪くなることを防げる可能性も高くなるでしょう。

健康チェックを行うタイミング

健康チェックは毎日の世話やコミュニケーションの中に取り入れるとよいでしょう。ウサギを観察することはとても大切である反面、ウサギという動物の特性（捕食対象になる動物であるということ）を考えると、常にウサギに集中し、注視しているという状況はウサギにとって気が休まらないともいえます。

ウサギの健康チェックは、日常のウサギの世話やコミュニケーションを取りながら行うようにするとよいでしょう。

例えば、トイレやケージの掃除をしながら、排泄物の状態がチェックできます。食事をケージ内に入れるときには食欲があるかどうかわかるでしょう。

コミュニケーションとして触れ合いをする時間には、体をなでながら痛がるところはないか、できものができていたりしないかなどを確かめたり、目や鼻などのチェックをしたりできるでしょう。ウサギがくつろいで後ろ足を伸ばして横になっているときには足の裏を見ることができます。

運動している様子を見ながら、活発かどうか、体の動きや姿勢に異常はないかを観察することができるでしょう。

健康チェックするポイント

体の部位

□目：目やには出ていないか、涙が多くないか、目の縁が赤くなっていないか、異常に突出していないか、白濁していないか、目の周りが腫れていないか、目に力強さはあるか、目を細めたりしていないかなど。

□鼻：鼻水が出ていないか、くしゃみを頻繁にしていないか、変な音がしていないかなど。

□耳：中が汚れていないか、傷がついていないか、異常にかゆがっていないか、嫌なにおいがしないかなど。

□口：よだれが出ていないか、口元を気にして前足でぬぐう様子がないかなど。

□歯：切歯が曲がったり折れたりしていないか、顎の下がデコボコしていないか、強い歯ぎしりをしていないか、歯の色は白い

かなど。

□頭部：首をかしげていないかなど。

□被毛：毛並みが乱れていないか、脱毛などはないか、顎の下が濡れていないか、前足の被毛がゴワゴワになっていないか（前足の甲の部分でよだれや鼻水をぬぐうため）、フケが出ていないか、足の裏の被毛が抜けたりタコができていないかなど。

□爪：伸びすぎていないか、折れていないかなど。

□お尻周り：汚れていないか（下痢便、尿漏れ、陰部からの出血や分泌物）など。

□全身：腫れやしこり、傷などはないか、触ると痛がるところはないか、痩せすぎていないか、太りすぎていないか、体重が急に減少したり増加していないかなど。

食事・水

□食欲や食べ方：食欲はあるか、食べたい様子に見えるのに食べられないことはないか、食べ物を口にくわえても落としてしまうようなことはないか、食べこぼしが多くないか、食べているときによだれが出ていな

いか、口の片側だけで食べているような様子はないか、食べたあとで口元を気にする様子はないか、いつも食べきる物を食べ残していないかなど。

□水：水を飲む量が過度に増えたり減ったりしていないか、水を飲みにくそうにしていないかなど。

行動

□活発さ：元気はあるか、いつも活発な時間なのに不活発なことはないか、疲れやすくはないか、呼吸が荒くなっていないかなど。

□歩き方：真っすぐ歩けなかったり転んでしまうことはないか、動きのぎこちなさはないか、足を引きずったり、足を床につけないようにしていたりしないかなど。

□そのほかの行動の変化：急に攻撃的になっていないか、過剰なグルーミングをしたり体の一箇所ばかり気にしていないか、ケージの隅でじっとしていたり、腹部を守るように体を丸めてじっとしていないか、落ち着かないように姿勢を変えたりしていないかなど。

「なんとなく違う」にも気をつけて

　具体的な健康状態の変化がなくても、いつもウサギを見ている飼い主が「なんとなくいつもと違うような気がする」と思うときは、何か変化があるのかもしれません。多少の体調の波は健康なウサギでもあるものですが、注意深く健康チェックをし、気になることがあれば動物病院で診察を受けるとよいでしょう。

排泄物

□便：大きさに変化はないか（小さくなっている、過度に大きくなっている、大小混ざっている）、量が減っていないか、形に変化はないか（しずく形などいびつな形状、ふたつくっついている、被毛で数珠状につながっているなど）、硬さに変化はないか、下痢をしていないか、粘膜や血液が付いていないか、盲腸便の食べ残しはないかなど。

□尿：量が少なくないか、量が多くないか（生野菜など水分の多い食べ物を多く食べているときに尿量が多いことはあり、それは正常です）、血が混じっていないか（健康でも赤く見える尿をすることはあります）、ザラザラしたものが混じっていないかなど。

□排泄時：排尿時や排便時に、痛そうな様子を見せていないか、尿をトイレですることを覚えているはずなのに、急に別のところでするようになったり、あちこちに点々とするようになったりしていないかなど（発情期の正常な行動の場合もあります）。

正常な排泄物

● 硬便：丸い形で水分は少ない。つぶそうとすると砕ける。大きさは食生活などにより差があるが、直径8mm前後ほど。個体ごとにほぼ同じ大きさの便を、一日に100個以上排泄する。牧草をよく食べていると黄緑がかった茶色で大きめ、ペレットが多いと黒っぽく小さめ。栄養価は粗タンパク質15.4％、粗繊維30％。

● 盲腸便：小さくて軟らかい粒状の便がブドウの房のようにつながっている。色は黒に近い濃い茶色。粘膜でおおわれ、やや光沢があり、独特のにおいがある。栄養価は粗タンパク質34.0％、粗繊維17.8％。

● 尿：白っぽく濁っているのが正常。色は食事にもより、赤い色素を含む食べ物を食べていると赤茶色っぽい尿をする。

正常な便

盲腸便

正常な尿

毛でつながっている便

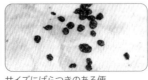
サイズにばらつきのある便

正常だが赤い尿

ウサギに多い病気

ウサギの病気について

　ウサギも人と同じようにさまざまな病気にかかる可能性があります。ここでは、病気が起こる部位ごとに、気がつきたい症状、代表的な病気いくつかについての説明（病気の原因、予防方法）、その部位で見られるそれ以外の病気にどんなものがあるかについて解説します。

　本書で取り上げていない病気もたくさんありますし、まだよく知られていない病気もあるでしょう。「書かれていない病気はない」わけではありません。また、一般の飼い主が「この症状に当てはまるからこの病気に違いない」と判断をすることには危険もあるかと思います。ウサギに心配な症状が見られたらすみやかに、ウサギの診察ができる動物病院に連れていくことをおすすめします。

診察・治療を受けるにあたって

　動物病院で診察や治療を受けるにあたっての流れを知っておきましょう（動物病院によって違いはあります）。予約制の場合でも、前の動物の診療が長引いたり、自分のウサギの診察に時間がかかることもあります。時間には十分な余裕を持っておきましょう。また、家庭での様子を聞かれたり、投薬方法など飼い主が行うべきことの説明もされますから、家庭内で最もウサギの世話をしている人が連れていくのがベストです。

❶予約制なら予約をします。予約不要でも混雑状況などを確認するとよいでしょう。

❷予約した場合は時間を守りましょう。

❸受付後、問診票を記入します。

❹待合室ではウサギをキャリーバッグから出したりせず、また、ほかの飼い主が連れてきているペットを触るなどもしないようにします。

❺診察ではまず獣医師による問診があり、次いで身体検査や臨床検査が行われます。

❻検査でわかったことについての説明を受けます。治療が不要な場合でも、飼育管理方法についてのアドバイスがあることもあります。

❼治療が必要な場合には詳しい説明を受け、獣医師とともに今後の治療方針を決めていきます。費用についての心配があるときもその旨をお話ししておくとよいでしょう。

❽手術が治療の選択肢になる場合には、そのメリットやリスクなどについて十分に説明を聞き、わからないことがあれば質問をして、手術を受けるかどうかを決めます。

❾診察終了後は会計を行います。帰宅したらウサギをゆっくり休ませてあげましょう。

ウサギの生理データ

体温　38.5〜40℃

心拍数　150〜300回／分

呼吸数　30〜60回／分

（「エキゾチック臨床Vol.9」より）

歯の病気

気がつきたい症状

● 食欲がなくなる ● 物が食べにくそう(口にくわえた食べ物を口に入れられずに落とす、食べようとして諦める、物を食べるときに上を向くようにする、食べやすそうな物しか食べないなど) ● 食べ物だけでなく盲腸便も食べられずに足やお尻に付いて汚れる ● 口が閉じられない ● 歯ぎしりをする ● よだれが多い(口をクチャクチャしている、被毛がよだれで汚れる、よだれをぬぐうので前足が汚れるなど) ● 目への影響(涙が多い、目やにが多い、眼球が突出するなど) ● 鼻への影響(鼻水が出る、くしゃみが多いなど) など

切歯の不正咬合

ウサギの歯は生涯に渡って伸び続けますが、上下の歯が噛み合っていれば適度に削れ、伸びすぎることはありません。しかし何かの理由で噛み合わなくなると(それを不正咬合といいます)、伸び続けてしまうのです。物が食べられなかったり、口が閉じられない、口の中に向かって伸びて口の中を傷つけてしまうといったことが起こります。

外傷(落下事故、ケージの金網をかじることなど)、歯をあまり使わない不適切な食事などが原因です。遺伝的に上下の顎の長さが正常ではないことでも噛み合わせの異常が生じます。小型種や短頭種(横から見ると顔が詰まっている)で多いとされます。

ウサギの歯は歯根が長いため、歯の問題があると歯根にも影響が生じます(「そのほかの歯の病気」参照)。

歯を削ることで治療します。歯の伸び方がゆがんでしまうと、一度カットしてもまた噛み合せが悪くなってくるので、定期的なカットが必要になります。

予防は適切な食事のほか、落下事故を起こさないこと、ケージの金網をかじらせないようにすること(かじるのをやめさせようとケージ越しにおやつを与えたりしていると、おやつ欲しさにかじるようになり逆効果)などがあります。

臼歯の不正咬合

ウサギは、食べ物をすりつぶすときには下顎を左右に動かすことで上下の臼歯をこすり合わせています。この動きによって歯冠の咬合面がまんべんなく削られていますが、何かの理由でまんべんなく削れなくなることがあります。

よくある原因は、歯をあまりこすり合わせなくても食べられる食事の多給で、代表的な物がペレットです。ペレットは簡単に砕け、あまりこすり合わせなくても食べることができます。下顎の動きが小さくなるため、上顎臼歯の内側(舌側)と、下顎臼歯の外側(頬側)ばかり削れてしまい、上顎臼歯の頬側、下顎臼歯の舌側は削れずにトゲ状に伸び

て口の中を傷つけます。こすり合わせる動き
が小さいことから歯冠全体が伸びてしまうこと
もあります。遺伝性の場合もあります。切歯
の不正咬合と同様に小型種や短頭種に多
いですが、ロップイヤーでは少ないという資
料もあります。

　歯に本来とは違う力がかかり続け、歯が
湾曲して歯間が開くと歯周炎になったり、
根尖部（歯根の先端）に膿瘍（膿の塊）が
できることもあります。

　治療は、トゲ状になった部分や過長した
部分を削ることとともに、繊維質の多い食事
を食べさせることが重要です。

　牧草を十分に与えることが予防になりま
す。ペレットも大切な食事ですが、歯の健
康のためには牧草のような繊維質が多く、
歯をまんべんなくこすり合わせる食べ物が必
要です。

そのほかの歯の病気

　人では多い「う歯（虫歯）」はウサギでは
まれな病気です。歯が常に削られ、伸び続
けるという特性により、歯が蝕まれるより前に
削れていくからです。不正咬合による歯の
異常があると、う歯になる可能性もあります。

　上顎臼歯の歯根は長く、目の近くにまで
伸びているので、根尖部に膿瘍ができると目
への影響があり、目の近くが腫れたり、目を
押し出すような形で眼球突出が起きたりしま
す。下顎臼歯の場合だと下顎の骨が変形
して、触るとデコボコしていることがあります。

　目と鼻をつなぐ鼻涙管は切歯と臼歯の根
尖部の近くを通っているため、不正咬合が
あると鼻涙管閉塞を起こすことがあります。
不正咬合の影響で目やにや涙が多くなるこ
とも鼻涙管が詰まる原因のひとつです。

上顎の切歯が八の字に伸びている。

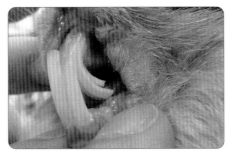

上顎の切歯が内側に向かって伸びている。

上顎の臼歯が長く伸びてしまっている。

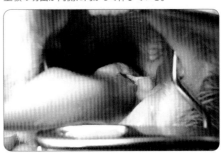

下顎の臼歯が棘状になって舌に刺さっている。

消化器の病気

―気がつきたい症状―

● 食欲がない　● 便の変化(小さくなる、出ない、便の形が大小バラバラ、丸くない便、巨大な便、粘液のついた便、軟便、下痢など)　● 痛みがある様子(落ち着きなく姿勢を何度も変える、体を丸めてじっとしている、強い歯ぎしり、呼吸が速いなど)　● 元気がなくなる● 痩せる　など

消化管うっ滞

「うっ滞」とは滞るという意味で、消化管うっ滞は消化管の動きが悪くなったり、止まってしまうことをいいます(病気の名前ではなく状態のことです)。ウサギにはとても多いものです。

原因で多いのは不適切な食事(繊維質、特に不消化繊維の不足)で、ほかにもストレス(飼育環境によるもの、病気などによるもの)、運動不足などが原因になります。

被毛を飲み込むと消化管に詰まって消化管の動きが悪くなるといわれていましたが(毛球症)、ウサギの胃にはグルーミングで飲み込んだ被毛が多少入っているのは正常なことで、消化管の動きが正常であれば飲み込んだ被毛はどんどん排出されていくため、問題にはなりません。ところが消化管の動きが悪いと排出されずに溜まってしまい、ますます消化管の動きが悪くなるという悪循環が起こることがあります。

腸内細菌叢のバランスが崩れて病原性のある細菌が増えて腸炎を起こしたり、悪化するとガスが溜まって鼓腸症が見られることもあります。

治療は、原因となっている病気があればそれを治療する、食事や飼育環境を適切なものにするといったことのほか、状態に応じて補液をする、消化管の動きを促進する薬を与えるなどが行われます。

食欲がなかったり消化管の動きが悪いときに強制給餌をしたりマッサージをしたりすることがかえって状態を悪くすることもあるので、まずは診察を受けたうえで、行いたいのであれば獣医師に相談してみましょう。

ストレスの少ない環境で、牧草を中心とした食事を与え、十分な運動をさせることが予防になります。飲み込む抜け毛の量が少ないほうがよいですから、適切なブラッシングも行いましょう。

細菌性腸炎

腸炎はウサギに多い病気です。

繊維質の少ない食事やストレス、それらによって起こる消化管うっ滞、または、ウサギに合わない抗生剤の投与、遺伝的に消化管の働きが低下しやすいなどのさまざまな原因(原因がひとつとは限りません)で腸内細菌叢のバランスが崩れ、病原性を持つ細菌が

増殖すると細菌性腸炎を発症し、軟便や下痢便が見られます。

症状が軽ければ、食事内容の改善やストレスのもとになっているものを取り除くといったことでよくなることも多いですが、ひどくなると水のような下痢をし、死に至ることもあります。

クロストリジウム菌の増殖で起こる腸炎は、離乳し始める頃の子ウサギ（生後3〜6週）がかかりやすく、死亡率が高いことが知られています。腸内細菌叢が発達していないために、ストレスや不適切な食事などをきっかけに増殖しやすいのです。

治療は、ウサギに合った抗生剤の投与や補液などで行います。

食事内容を含む適切な飼育管理が予防策となります。

消化管閉塞

すぐに治療をする必要がある、緊急性の高い病気です。

何らかの異物が消化管内で詰まり、消化管をふさいでしまいます。詰まる異物には被毛が多いといわれます。飲み込んだ抜け毛が盲腸で圧縮されて塊となり、それが盲腸便と一緒に排出されて、それをそのまま飲み込んでしまうことによるのではないかと考えられています。そのほかの異物には、カーペットなどの布類やプラスチック製品をかじった物などがあります。消化管内にできた腫瘍が消化管をふさぐこともあります。

症状は突然、食欲がなくなり、便が出なくなり、強い腹痛のある様子を示します（痛みについて　221ページ参照）。消化管うっ滞で見られるような、食欲が徐々になくなる、便が徐々に小さくなるといった症状とは大きな違いがあります。

状態に応じて、胃に溜まった液体やガスを抜く処置をしたり、それでも改善が見られないときは手術をして異物を取り除く場合もあります。

巨大結腸症ではない異常な便

巨大結腸症の疑いのある便

消化管に詰まっていた大きな糞塊

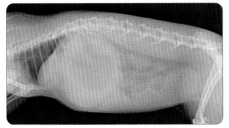
胃内にガスと液体が溜まっている

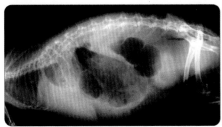
消化管にガスが溜まっている（重度）

異物を飲み込まないように注意します。ウサギの住まいに布製の飼育グッズを置くことも増えていますが、かじるようだったら使わないようにしてください。遊ばせる場所のカーペット類も同様です。抜け毛が直接、「異物」になるわけではありませんが、適切にブラッシングを行って、飲み込む抜け毛の量を減らしましょう。

また、何より早期治療が重要な病気です。おかしいと思ったらすぐに動物病院に連れていってください。

巨大結腸症(メガコロン)

大腸には、強く収縮しながら便を丸くして排泄する役割がありますが、その働きが低下すると、便がすぐに排泄されずに腸内に長い時間、停滞します。そのため便が大きくなり、排泄しにくくなって便秘のような状態になります。ウサギでは主に盲腸で発症するとされます。

若いウサギが発症すると、食欲はあっても便が不揃いだったり大きな便をします。栄養の吸収を十分にできなくなるので、痩せてきます。

ストレスがあると急に盲腸便秘(盲腸の働きが低下し、内容物が停滞する)を起こすことがあり、激しい腹痛が見られることもあります。

ウサギでは、特定の品種の特定の柄で起こる、遺伝性の病気として知られています。「チェッカードジャイアント」や「イングリッシュスポット」は体にスポット柄(ブロークン模様)があります。このブロークン模様が出る遺伝子は「En」で優性遺伝子、全身の毛色を一色(ソリッド)にする遺伝子は「en」で劣性遺伝子なので、親から「En/en」という遺伝子を受け継ぐとブロークン柄になり、「en/en」だとソリッドになります。

問題は「En/En」を受け継いだ場合です。全身が2色か3色で、柄としては全身のほとんどが白で、ブロークン柄が全身の10%以下しかない、という外見になります。加えて鼻の両脇にブロークン柄が出ることも大きな特徴です(チャーリー柄と呼ばれます)。この「En/En」遺伝子を持つと、巨大結腸症を発症します。

「チェッカードジャイアント」や「イングリッシュスポット」は古い品種で、新しい品種作出のために交配に使われてきたことから、この遺伝子を受け継いでいる品種や特定の柄(「ドワーフホト」、「ホーランドロップ」などのブロークン柄)では巨大結腸症発症の可能性があります。

完治させることはできない病気ですが、消化管の働きを促進する薬を投与するなど、消化管の働きを安定させる治療をします。

巨大結腸症を持つウサギは常に空腹なので、牧草や野菜のほか、ペレットは回数を決めるよりもいつも食べられるようにしておいたほうがよいとされています。

該当すると思われる柄のウサギを飼育している場合は、排泄物の様子をよく観察して、少しでもおかしいと思ったら診察を受けましょう。

そのほかの消化器の病気

「コクシジウム症」はコクシジウムという原虫が消化管に寄生して起こる病気です。コクシジウムには多くの種類がありますが、腸に寄生するものが11種、肝臓に寄生するも

のが1種あります。寄生する場所や種で症状は異なりますが、大人のウサギだと無症状なことが多いです。生後6ヵ月以下の子ウサギでは不衛生な環境や過密飼育などで発症することがあります。

「肝葉捻転」は肝臓に起きる病気です。肝臓は、「葉」と呼ばれるいくつかの部分に分かれた形をしていますが、この肝葉の一部がなんらかの原因で捻転する(ねじれる)ことがあります。それによって肝臓につながる血管が閉塞するなどして急激に状態が悪くなることがあります。治療は手術が推奨されます。早期に治療できればよくなります。消化管うっ滞の既往歴があることが多いとされます。

「ウサギ蟯虫」は線虫の一種でウサギの腸内に寄生しています。肛門の周りに卵を生みます。便に体長1cmくらいの白い蟯虫が付いていることがありますが、この蟯虫には病原性はなく、通常、駆虫しなくても問題ありません。

「兎ウイルス性出血病(兎出血病)」は兎出血病ウイルスによる感染症で、日本では届出伝染病(家畜伝染病のまん延を防ぐために、診断をした獣医師に届け出の義務がある伝染病)に定められています。ペットのウサギで心配することはありませんが、日本ではときどき動物展示施設で発生し、話題になるので、どんなものかは知っておくとよいかと思います。

兎出血病ウイルスは感染力が強く、致死率も高いウイルス性疾患です。現在、世界的に流行しているのはRHDV2というタイプのウイルスで、アナウサギにもノウサギにも感染します。感染しているウサギの排泄物や鼻水、涙などの分泌物にウイルスが排出され、それに接触することや床材、飲み物などを介して口や鼻などから感染します。感染すると沈うつ、食欲がまったくなくなる、運動障害などの神経症状が出て死亡します。症状も出さずに突然死することもあれば、症状は軽くて生存することもあります。海外ではワクチンが実用化されていますが、日本では2023年現在承認されていません。

ウサギの嘔吐

ウサギは嘔吐できないといわれます。動物には胃の入り口に噴門括約筋があって、胃の内容物が食道に逆流しないようになっています。ウサギではこの噴門括約筋がよく発達しています。加えて、噴門は狭く、胃が深い袋状になっていることから嘔吐することができません。「ウサギが吐いた」という場合には、嘔吐ではなく、食道内にあった物を吐き出したのかもしれません(吐出といいます)。

嘔吐できないので、ネコのように飲み込んだ毛玉を吐き出すようなことができません。イヌやネコでは、毒性のある物を食べてしまったとき、毒物の種類によっては嘔吐させることがありますが、ウサギではそれもできないことを知っておきましょう。

皮膚の病気

気がつきたい症状

● **皮膚の異常**(汚れている、傷がある、赤くなっている、ただれている、腫れている、かさついている、フケがある、かさぶたがあるなど)　● **被毛の異常**(脱毛している、毛が切れている、薄毛になっている、汚れている、ゴワゴワしている、もつれている、お尻周りが汚れているなど)　● **行動の異常**(異常にかゆがる、一箇所だけをしつこく噛んだりなめたりしているなど)　● **耳の中の汚れ**　など

ソアホック

　足の裏に見られるもので、足底皮膚炎、飛節びらんとも呼ばれます。

　ウサギの足の裏は被毛に覆われていて、足の裏を保護するクッションの役割をしていますが、皮膚や皮下組織(皮膚と筋肉や骨をつなぐ組織)などが薄いため、皮膚のすぐ下に骨があるという状態になっています。そのため、足の裏に負担がかかるような状況が続くと皮膚に炎症が起きることがあります。

　脱毛や脱毛したところの皮膚が赤くなったり、たこ(同じ場所が刺激を受け続けて角質が厚くなる)ができたりします。進行するとただれることもあり、痛みがあると歩こうとしなくなり、じっとしているとますます状態が悪くなることもあります。

　後ろ足の裏の中ほどからかかとにかけての部位に発症しやすいですが、後ろ足の裏のどこでも発症しますし、まれに前足の裏に発症することもあります。

　硬いケージの床にずっと座っていると足の裏の同じ場所に負担がかかり続けるため、発症しやすくなるほか、肥満、歩き方に異常があって特定の足への負担が大きくなっている、過剰にスタンピングをするといったことや、「レッキス」、「ミニレッキス」のようなもともと被毛が薄い品種などで起こりやすくなります。

　軽ければ、環境を改善(柔らかく衛生的な床にする)するだけで治ることもあります。状態に応じて、患部を消毒し、ワセリンを塗るなどして保護します。包帯などで患部を保護することもあります(ソアホックのウサギ用に作られた靴下が市販されています)。抗生剤や消炎鎮痛剤を投与することもあります。

　床材には柔らかい素材を使い、清潔に保つこと、また、太らせすぎないことにも注意しましょう。ウサギが歩くときには足先に体重をかけ、かかとは浮いています。じっと座っている時間が多いほどかかとにかかる負担が大きくなるので、十分な運動の時間を作ることも大切です。爪が伸びすぎているときも足先が浮いてかかとに重心がかかりすぎる場合もあるので、適度な間隔で爪切りをしてください。

　高齢になると、たこができる程度のソアホッ

クができることはよくあります。飼育環境に注意し、悪化しないようにしてください。

　なお、床材に関してですが、ケージの床の金網は、古いタイプのケージではクッション性がなくて硬く、ソアホックになるおそれが大きかったため、「金網のままで飼育しないほうがよい」といわれていました。しかし新しいタイプのウサギ用ケージはクッション性がある物が多く、金網のままでも問題ない場合も増えてきました。また以前は硬い金網からの保護のためにすのこを敷くことが推奨されていることもありましたが、木のすのこは排泄物で不衛生になりやすく、プラスチック製のすのこは滑りやすかったり、スタンピングが激しい個体だとしばらく使っているうちに割れるといったことも起きています。そのため今は、金網のままや、金網の上にチモシー製のマットや布製のマット（かじる個体には不向き）を敷くという方法がよく行われています。

真菌症

　真菌とはカビの一種で、ウサギなど動物には毛瘡白癬菌、犬小胞子菌、石膏状小胞子菌が感染することが知られています。感染しているウサギと接触したり、汚染された環境からも感染します。真菌症は人と動物の共通感染症なので、ウサギから人への感染だけでなく、人からウサギに感染することもあります。

　感染していても症状を見せないこともありますが、子ウサギや、免疫力が低下している大人のウサギ、不衛生な環境下で発症します。よく見られる場所は鼻の周り、まぶた、耳介などですが、セルフグルーミングによって全身にも感染が広がることがあります。

　人に感染するとリングワームと呼ばれる丸い病変ができるのが特徴的ですが、ウサギではあまり見られなく、脱毛や赤くなる、皮膚の表面がカサカサになったり、フケが見られるといった症状が見られます。かゆがることはありませんが、細菌感染などほかの皮膚の病気が併発しているとかゆがります。

　状態に応じて抗真菌薬を投与します。飼育環境を清潔に保つことなども大切です。治療には時間がかかることも知っておきましょう。

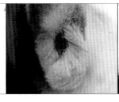

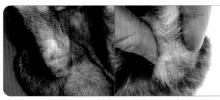

ソアホック。軽度なもの（左）から重度なもの（右）まで。

下顎膿瘍からの排膿。膿はとても濃い。

耳根部にできた膿瘍。

皮下膿瘍

何らかの原因で皮下に細菌感染が起こり、膿が溜まるものを皮下膿瘍といいます（まれに無菌性の場合もあります）。

ウサギでは不正咬合にともなって起こる根尖膿瘍が多く、下顎や頬などに腫れが見られます。咬傷などの外傷、異物（植物の種子が皮膚に刺さるなど）、ソアホックなどの皮膚炎にともなって起こる場合もあります。

一般的に膿瘍の治療は抗生剤を投与したり、切開して排膿（膿を洗い流す）することで治療したり、かきこわして自然に排膿され、そのうち治ることが多いのですが、ウサギの場合、抗生剤を投与してもよくならないこともあります。膿がとても濃く、通常は膿が膜のようなものに包まれた袋状になって存在しているという特徴があり、治療にあたってはその袋ごと取り除くのがよいといわれますが、外科的に取り除いても再発することもあるなど、完治が難しい場合もあります。

不正咬合にならないように予防することがとても重要です。

外部寄生虫

ウサギツメダニやズツキダニは、被毛に付いて生息する被毛ダニです。首の後ろや背中に寄生することが多く、脱毛や、皮膚がカサカサしてはがれ、進行するとかゆみがあります。ウサギツメダニは人と動物の共通感染症です。

ウサギヒゼンダニは、皮膚にトンネルを掘って寄生する疥癬ダニです。全身どこにも寄生し、メスが卵を生み付けるために皮膚にトンネルを掘るので、強いかゆみが起こります。

ウサギキュウセンヒゼンダニは、耳に寄生する耳ダニです。耳道に寄生して、外耳炎の原因になることもあります。かゆみがあるため頭や耳を振ったり（ウサギは機嫌がよいときに頭を振ることがありますがそれとは違います）、耳をかきます。ひどくなってくると耳の中に茶褐色のかさぶたができます。

イヌやネコと同居しているとイヌノミやネコノミが寄生することがあります。

駆虫剤で治療しますが、虫卵には効果がないため、ダニのライフサイクルに合わせて数回（3回ほど）の投与が必要になります。駆虫剤は種類によっては危険なものもあります。ウサギにはセラメクチン、イベルメクチンは使用できますが、フィプロニル（商品名フロントライン）はウサギに使ってはいけません。

また、ケージ内だけでなく室内などウサギの行動範囲を掃除しましょう。

トレポネーマ感染症

「ウサギ梅毒」という呼び方でも知られています。トレポネーマという病原体による感染症です。人の梅毒とは病原体の種類が違い、人と動物の共通感染症ではありません。

感染しているウサギから交尾などの接触で感染、母子垂直感染（出産時に感染すること）もあります。

感染しても症状が出ないこともありますが、ストレスなどがあると発症します。外陰部や口唇、鼻孔の周りが赤くなって腫れ、そのあとかさぶた状になります。鼻孔の近くに症状が出るとくしゃみなども見られます。

抗生剤を投与して治療します。

感染しているウサギと接触させたり、交配させたりしないようにします。

そのほかの皮膚の病気

　「体表腫瘤」は体表にできるイボやしこり、できものなどの総称です。腫瘍と腫瘍ではないものがあります。

　腫瘍ではないものには皮下膿瘍が多いですが、肉芽腫（炎症反応で起こるできもの。腫瘍ではありません）などもあります。

　腫瘍には、増殖速度が遅く、周囲の健康な組織との境界がはっきりしていて転移の可能性の低い「良性腫瘍」と、増殖速度が速く、周囲の組織を侵して増殖し、転移の可能性の高い「悪性腫瘍（癌）」があります。皮膚に見られる腫瘍としては、良性では毛芽腫が多く、切除すれば再発したり転移したりすることはありません。悪性では線維肉腫が見られます。短期間で大きくなり、再発することもあります。切除が可能なら切除します。放射線治療、レーザー治療、温熱治療、抗癌剤治療などが行われることもあります。

　「湿性皮膚炎」は皮膚が湿っぽくなっていたり不衛生になっていると発症しやすくなります。涙や目やにが多いと目の周囲に起こりやすくなります。よだれが出ていたり肉垂が大きいと下顎から胸にかけて起こりやすくなります。水を飲むときにこぼれた水で皮膚が濡れることが多く、不衛生だったり湿度の高い環境だとなることもあります。太りすぎていたり麻痺があって毛づくろいが十分にできないと陰部の周囲に多く見られます。

　脱毛、皮膚が赤くなる、ただれる、また、細菌感染することもあります。

　何かの原因があって起こることが多いので、その治療を行ったり、不衛生な環境を改善します。毛のからまりがあればほぐすよう

にして、患部が乾燥した状態になっているようにします。必要があれば患部を消毒したり抗生剤を投与します。

　「問題行動」が皮膚の病気を招くことがあります。ストレスや繊維質不足、ホルモンバランスの影響などで、脱毛するほど過剰に皮膚を舐める、毛をかじる、毛を抜く（妊娠しているメスが巣作りのために行うのは正常。偽妊娠で行うこともあり）、自分の体をかじるといった自傷行為をすることがあります。

　原因となっていることを改善したり、炎症を起こしているときは抗生剤や消炎鎮痛剤を投与することもあります。かじらないようエリザベスカラーをつける場合もあります。

エリザベスカラー

　ウサギが手術の跡や傷口をかじったり、塗り薬をなめたりしないようにするときに使います。ウサギ用やイヌネコ用の小型のものを使うほか、インターネット上では手作りの方法が数多く紹介されているので参考にしてもよいでしょう。

　カラーを使用するさいには、首周りの皮膚を傷つけないか、食事が摂れているか、水が飲めているかを確認しましょう。カラーをつけていると毛づくろいができません。ブラッシングをしたり、盲腸便が食べられないためにお尻についてしまったときは取り除くなどのケアも行います。

泌尿器の病気

気がつきたい症状

- ● 尿の変化（量が少ない、出ない、量が多い、ザラザラしている、ドロッとしている、血が混じっているなど）　● 排尿の様子（排尿時に痛そうにしている、頻繁に排尿する、トイレを失敗するなど）　● あちこちに点々と排尿する（マーキングの場合もある）　● 陰部の周りが尿で汚れている　● 多飲多尿　● 元気がない　など

尿路結石症

　尿路（腎臓、尿管、膀胱、尿道）に結石ができる病気です。結石とは、尿に混じっているカルシウム粒や炎症産物（膀胱炎などがあるときに炎症によって脱落した組織片）といった小さなものが核となり、そこに尿中のカルシウム分が付着して塊となるものです。結石には成分によって炭酸カルシウム結石とストラバイト結石などがありますが、ウサギでは炭酸カルシウム結石が多いといわれます。

　ウサギはカルシウム代謝が特殊で、ほかの動物では過剰なカルシウムは主に便とともに排泄されますが、ウサギでは尿に混じって排泄されます（そのため尿が白濁している）。十分な水分を摂取し、きちんと排尿ができていれば問題にはなりません。ところが、飲み水の不足や、カルシウムの過剰摂取、尿路の感染症、遺伝といった原因があると尿中のカルシウムによって結石ができやすいのです。石のような塊にならず、砂状になっていて膀胱に蓄積することもあります。

　結石ができると排尿時に痛みがあったり、排尿障害が起きたりします。じわじわと尿もれがあって陰部が汚れていることもあります。

完全にふさがってしまうと、尿によって老廃物を排泄することができなくなるので、全身状態が悪くなります。

　水分をたくさん摂ることで自然に排泄されることもありますが、そうならないときは手術をして取り除きます。

　予防としては水分を十分に与えることやカルシウムの過剰摂取を控えることです。カルシウムはウサギに欠かせない栄養素ですが、与えすぎないようにしてください。

膀胱炎

　膀胱や尿道に、細菌感染による炎症が起きる病気です。

　不衛生な飼育環境や結石などが原因となります。尿に含まれている砂状のカルシウムが膀胱の中を傷つけたり、排泄されて陰部の粘膜に付いてこすれたりすると炎症ができ、膀胱炎の原因になります。水分の摂取量が少ないと尿量も少なく、膀胱内に尿が溜まっている時間が長くなることから、細菌が増殖しやすくなります。肥満や体を動かしにくい個体では陰部のグルーミングがしづらく、不衛生になることもあります。

頻繁に排尿をしたり、痛そうにしている、血尿、尿もれで陰部を汚すなどが見られます。

細菌感染が主な原因ですが、そうでない場合もあります。細菌性の膀胱炎では、抗生剤を投与するほか、尿の量を増やすために補液を行うこともあります。

衛生的な環境を心がけ、十分な水分が飲めるようにしましょう。

腎不全

腎臓は体内の老廃物を尿として排泄したり体内の水分を調節するなどとても重要な役割を持つ臓器ですが、何らかの原因でその働きが悪くなる病気を腎不全といいます。腎不全には急激に症状が進行する急性腎不全と、時間をかけて悪くなっていく慢性腎不全があります。

急性腎不全は強いストレスや熱中症、尿路の閉塞などが原因で起こり、急に元気がなくなったり、食欲がなくなります。

慢性腎不全は長い期間に渡って腎臓疾患が続いていることのほか、ウサギではエンセファリトゾーン症に関連して起こることが多いようです。原因となる病原体が腎臓に寄生して、腎臓の組織を変化させます。初期には症状がわかりにくく、進行してくると食欲がなくなる、多飲多尿、元気がなくなる、痩せてくるといった症状が出るようになります。

治療は補液をしたり食欲がなければ強制給餌をするなどの対症療法が中心となります。急性腎不全で早期に治療を開始できればよくなることもありますが、慢性腎不全では失った腎臓機能を回復することは難しく、完治は難しい病気です。

適切な飼育管理を行うほか、定期的に健康診断を受け、早期発見を心がけましょう。

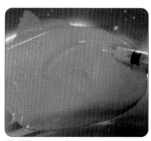
過剰なカルシウムを含むカルシウム尿。

排出された結石。右のものは1.5cm以上ある。

尿道から結石を取り出している。

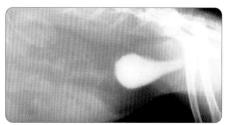
カルシウム尿で膀胱が真っ白に写っている。

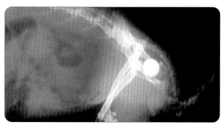
大きな結石が尿路に詰まっている。

生殖器の病気

気がつきたい症状

【メス】● 血尿(尿の中に部分的に血が混じる)　● 陰部からの分泌物　● 乳腺が腫れ
　　　　ている　など

【オス】● 片側の精巣だけ大きい　など

子宮内膜過形成

　子宮内膜とは子宮の内側を覆っている粘膜組織のことです。ホルモンバランスの影響や年齢を重ねるにともなって、細胞が過剰に増殖して厚くなるのを子宮内膜過形成といいます。厚くなるために子宮全体が大きくなったり、出血しやすくなります。

　ウサギの子宮の病気は、血尿によって気がつくことが多いですが、「赤い尿」でも血尿ではないこともあります。

　ウサギは、膣口と尿道口が別々になっておらず、膣の途中に尿道口が開いています。膣に血液があると、排尿のタイミングで外に出てくることが多いため、尿の全体ではなく、尿の一部に血液の塊が見られることが多いのです。一方、赤い色素を含む食べ物を食べていると、赤っぽい尿をすることがありますが、この場合には尿全体に色がついています。ウサギの「血尿(に見えるもの)」が血によるものかどうかは、尿検査で判断します。

　子宮卵巣摘出手術によって治療します。メスには、子宮疾患にならないための予防としての避妊手術が推奨されることが多くなっています。

子宮腫瘍

　避妊手術をしていないメスは、子宮にさまざまな種類の腫瘍ができることが多く、年齢を重ねるにつれて増えていきます。中でも子宮腺癌が多いことが知られています。

　繁殖したことがあるかどうかに関わらず発症することのある病気です。ウサギはほぼ一年中繁殖が可能な動物で、エストロゲンが分泌し続けていることや、加齢による子宮内の変化などが原因と考えられています。

　血尿で気づくことが多いでしょう。進行すると肺や骨などへの転移も見られます。乳腺の腫れが見られることもあります。

　治療は子宮卵巣摘出手術をすることです。

　予防は避妊手術です。手術をしない場合には定期的に健康診断を受けて早期発見を心がけますが、発症する確率が高く、発症したら手術をすることになるので、メスを飼育しているなら、早めに獣医師と避妊手術について相談することをおすすめします。

精巣腫瘍

　ウサギのオスはメスに比べると、生殖器の病気はあまり多くはありません。オスの去勢

手術をする目的も、多くは尿スプレーや攻撃性といった問題行動回避のためです。

オスの生殖器の病気のひとつが精巣腫瘍で、高齢になると起こりやすくなります。

精巣の片側が明らかに大きく腫れてきます。片側だけに起きることが多く、もう片側は縮むことが多いです。腫瘍が大きくなると歩くときに床にこすれたり、歩きにくそうになったりします。

治療は、精巣摘出を行います。

去勢手術を行っておけば発症することはありません。しない場合は、精巣の左右の大きさに違いはないかときどきチェックしましょう。

そのほかの生殖器の病気

「乳腺炎」は乳腺が腫れたり炎症が起きたりする病気です。

偽妊娠、発情中、子宮の病気があると

きにホルモンの影響で乳腺が腫れることがあり、乳腺が感染すると乳腺炎を起こします。外傷で細菌感染が起きることもあります。患部の腫れ、熱を持つ、痛みがある、乳頭からの分泌物といった症状が見られます。避妊手術をしていなくて乳腺の腫れがあるときは、子宮の病気も考えられます。また、乳腺には腫瘍ができることもあり、良性よりも悪性が多いとされています。早急に診察を受けましょう。

「潜在精巣」は成長しても精巣が陰嚢の中に降りてきません。ウサギのオスは通常、生後12週齢までに精巣が降りてきますが、4ヵ月までに降りてこないと、潜在精巣と判断されます。片側だけのことが多いですが、両側に起きることもあります。そのままだと降りてこない精巣が腫瘍になることもあるため、摘出手術が行われます。

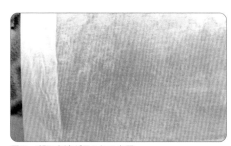

尿の一部に血液が見られる血尿。

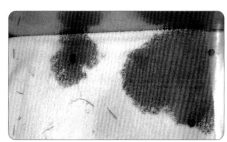

尿の全体に血液が見られる血尿。

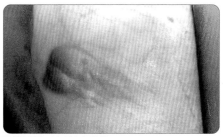

乳腺腫瘍により腫れた乳腺。

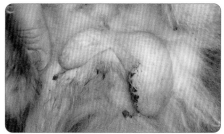

精巣腫瘍により片側の精巣のみ大きく腫れている。

呼吸器と循環器の病気

気がつきたい症状

【呼吸器】● 頻繁なくしゃみ　● 鼻水(さらさらしている、ドロッとしている、黄色っぽい、においがあるなど)　● 鼻から聞こえる音(詰まっているような音、いびきのような音など)　● 前足の汚れ　● 涙が多い　● 目やに　● 呼吸の変化(呼吸時に鼻の穴を大きく開いている、呼吸が苦しそう、口を開いて呼吸している)　● 不活発になる　など

【循環器】● 呼吸が速い　● 動きたがらない　など

鼻炎、副鼻腔炎

ウサギには鼻炎や副鼻腔炎がよく見られ、主な原因はパスツレラ菌などの細菌感染です。パスツレラ菌に感染しているウサギは多く(94%以上といわれる)、健康であれば問題ないのですが、不適切な環境やストレスなどがあると発症します。

感染が鼻腔や副鼻腔(鼻の奥のほうにある空洞)だけでなく内耳にまで広がると、内耳炎の原因になることもあります。また、鼻涙管に感染が広がると鼻涙管閉塞を起こします。

「スナッフル」と呼ばれることがありますが、くしゃみや鼻水といった慢性的な鼻炎症状の一般的な総称で、病名ではありません。

細菌感染のほかには不正咬合などの歯の病気や、異物が入ったことなどによっても発症します。

よくある症状はくしゃみや鼻水などです。牧草のほこりなどが鼻に入ってくしゃみをたまにするのは問題ありませんが、しばしばするときは要注意です。いびきのような音がするときは鼻が詰まっていることが考えられます。鼻水が出ていなくても前足の被毛がゴワゴワになっているときは、鼻水をぬぐっているからかもしれません。

治療は抗生剤の投与をします。

急激な温度変化のないようにすること、トイレ掃除は適切に行って衛生的にすることなど、適切な飼育管理を行いましょう。

肺炎

主に細菌感染で起こる病気で、多くはパスツレラ菌などいくつかの細菌が感染して発症します。不衛生な環境やストレス、ほかの病気を併発しているときなどに起こりやすくなります。誤嚥性肺炎も見られます。

初期には、鼻の穴を大きく開き、頻繁に動かして呼吸をしますが、呼吸の異常は見られずに、食欲がなくなったり、体重が減る、不活発になるといった様子が見られることもあります。進行すると努力性呼吸(体全体を動かすようにして呼吸をしている)や開口呼吸が見られます。

治療は抗生剤の投与や輸液、栄養補

給などを行います。強制給餌などのために体を押さえるようなことが状態を悪くすることもあるので注意が必要です。

適切な飼育環境を整え、急激な温度変化を避け、衛生的な環境を心がけましょう。

そのほかの呼吸器と循環器の病気

「胸腺腫」は胸腺（胸部にある免疫細胞を作る組織）にできる腫瘍で、高齢になると発症しやすくなります。腫瘍が大きくなると心臓や肺を圧迫するので、呼吸が早くなったり動きたがらなくなるほか、血管が圧迫されて血圧が上昇し、眼球突出や第三眼瞼の突出が見られることがあります。外科手術や放射線治療、ステロイド剤の投与などで治療します。

「肺腫瘍」はウサギの場合、子宮や乳腺の腫瘍からの転移で起こることがほとんどです。初期には気づきにくいですが、進行すると呼吸困難などが見られます。治療は対症療法が主ですが、状況によっては手術する場合もあります。

ウサギに見られる循環器の病気には、「うっ血性心不全」や「拡張型心筋症」などの心筋症があります。心筋症は高齢になると多くなります。呼吸が早くなる、動きたがらなくなるといったことや、チアノーゼ（口唇や舌など本来ならピンク色をしているところが青ざめる）などが見られます。初期には症状はわかりにくく、気がついたときには進行している場合もあります。予防は難しいので、早期発見を心がけましょう。

鼻水をぬぐうため前足の被毛が汚れている。

鼻炎のため濃い鼻汁が見られる（涙も多く出ている）。

呼吸困難のため頭を上げるようにして呼吸している。

呼吸困難のため鼻の穴を大きく開いている。

胸腺腫により眼球突出が見られる。

目の病気

気がつきたい症状

● 涙の状態（涙が多い、目の下がいつも涙で濡れている、白っぽい涙など）　● 目やにが出ている（粘り気のある涙など）　● 第三眼瞼が出ている　● 結膜が赤い　● 目の表面に見える異常（目が白い、目に白い小さなものがある、目が濁っている、目の中に傷や汚れのようなものがあるなど）　● 目が飛び出ている　● 目をショボショボさせている　など

結膜炎

結膜とは、まぶたの裏側と眼球をつないでいる粘膜のことで、まぶたをひっくり返したときに見える場所です。結膜に炎症が起きる病気が結膜炎です。

パスツレラ菌などの細菌感染、ほこりなどが目に入る、換気の悪い部屋でトイレ掃除を怠っているときのアンモニアの刺激、また、歯の病気による影響なども結膜炎の原因となります。まぶたや結膜が赤くなったり、腫れる、目やにが出るといった症状が見られます。目やにには症状が進むと粘り気のあるものになります。結膜のそばにある眼瞼（まぶた）のふちにも炎症が起こることがあります（眼瞼炎）。

抗生剤の点眼薬で治療を行います。人のホットアイマスクの要領で、濡れタオルを絞って42〜43℃くらいに温めたものを使ったホットパックが推奨されています。

衛生的な環境を心がけましょう。牧草入れをケージ側面に取り付けているときは牧草で目が傷ついたり牧草のほこりが目に入ったりしないよう気をつけてください。

角膜炎、角膜潰瘍

角膜は目の最も表面にあり、眼球を保護し、光を集めて屈折させるレンズの役割をするところです。ウサギの目は大きく、突出した形態をしているために傷つきやすくなっています。牧草が目に当たる、顔のグルーミングをするときに伸びすぎた爪が当たる、目に異物が入っているときに目をこするといったことや、ほかの個体とのケンカなどが原因で角膜に傷がつきます。結膜が赤くなっている、角膜が濁っている、涙が多くなる、目を細めるなどの症状が見られます。

ごく表面だけの傷の場合（角膜炎）、細菌感染をしていなければ数日で治ることもあります。しかし角膜の深くまで異常が見られることもあります。

抗生剤の点眼薬や必要に応じて消炎鎮痛剤などを投与して治療します。

目を傷つけることのないような環境を心がけましょう。牧草入れの位置に注意したり、爪が伸びすぎているなら爪切りをします。

流涙症

　涙が多くなる病気です。原因のひとつは何かの目の病気があるときですが、ウサギによく見られるのは鼻涙管の詰まりなど、涙が適切に排出されないことによるものです。

　通常、涙は目頭にある鼻涙管の入口（涙点）から、鼻涙管を通って鼻腔内に流れ出ます。ところが、不正咬合などがあって歯根の先が鼻涙管を圧迫していると、涙が鼻涙管から流れ出ずに、目のほうにあふれてしまいます。そのため、常に目の下が濡れています。涙は透明な場合や白い場合もあります。

　原因となっている病気の治療を行います。鼻涙管洗浄を行うと鼻涙管の詰まりが治りますが、繰り返しの洗浄が必要になることが多いようです。

そのほかの目の病気

　「涙嚢炎」は、目頭にある涙をためておく場所（涙嚢）に炎症が起こる病気です。鼻涙管閉塞が起きているときに見られることがあり、目頭がただれたり、白い目やにが出ることがよくあります。

　「白内障」は、水晶体が白く濁り、視力が低下する病気です。ウサギに限らず高齢になると起こったり、若くても遺伝的に起こる場合のほか、ウサギではブドウ膜炎が起きているときに発症することがあります。

　「ブドウ膜炎」は細菌感染で起こる場合のほか、エンセファリトゾーン症に関連して起こるものがあります。虹彩が腫れて、丸や楕円形の白いものが浮いて見えることがあります。

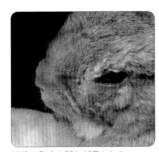
眼瞼の発赤と腫れが見られる。

涙が多く出ている。

水晶体が白く濁っている。

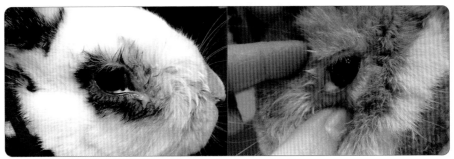
白い目やにが見られる。

ch
08

ウサギの健康と病気

骨のケガ・病気

気がつきたい症状

● 足を引きずる　● 床につかない足がある　● じっとしている　● 四肢の一箇所ばかり気にする　● 曲がっていることが見てわかる　● 出血している　● 足に力が入らない　● 不自然な姿勢を取る　など

四肢の骨折

ウサギは骨がもろいために骨折する危険性の高い動物です。特に、人が抱いているときに落とす、ウサギが高いところに登ってしまい、そこから落ちるといった、人が関わって起こる骨折が多く見られます。骨折した足を引きずったり、床につかないように持ち上げていたりします。開放骨折(折れた骨が皮膚から出ている)だと出血が見られます。

治療は骨折した部位やその状況によりますが、軽度なら、ケージレスト(狭いケージの中でじっとさせておく)によって自然治癒するのを待つことがあります。患部を外側から固定する、手術をして骨をピンやプレートでつなぐなどいろいろな方法があります。

ウサギのハンドリングに慣れないうちは必ず座って行うことや、ウサギが暮らす生活空間に、落ちると危険なほどの高さの場所を作らないように(その場所にウサギが登ってしまうような足場を作らないように)してください。

脊椎の骨折

ウサギは骨がもろいうえにとても強い筋力を持っているため、抱かれるのを嫌がって暴れ、後ろ足で強く蹴るような動きをしたときや、何かの理由で暴れたときに脊椎を骨折することがあります。中でも腰椎の骨折が多く見られます。

脊椎のうち円筒状になっている椎体の中には脊髄などの神経が通っているため、後躯麻痺や不全麻痺が起こることが多いです。

骨折の場所や状態によって、歩きにくそうにしていてもなんとか歩ける程度の場合もあれば、排尿困難が見られるような場合もあります。

軽度ならケージレストやステロイド剤の投与で治療します。麻痺があるとグルーミングができなかったり食事や水がうまく摂れないことが多いので、衛生管理や食事の手助けなどの介護が必要となります。排尿困難な場合には圧迫排尿が必要となります(動物病院で教えてもらいましょう)。

ウサギが抱かれることに慣れていない(飼い主がウサギを抱くことに慣れていない)場合は、ウサギの抱き方には十分な注意をしてください。

そのほかの骨のケガ・病気

指の骨、手首・足首、膝や肘などに「脱臼」が起こることがあります。脱臼した指先を気にしていたり、脱臼した足を引きずったり、持ち上げたりします。整復（ずれた骨を元の位置に戻す）して、バンテージなどで固定し、ケージレストにすることで治療します。

「開張肢」は遺伝性の骨の病気です。四肢のうちひとつ、または複数の足を正常に床に着くことができずに外側に開いてしまいます。後ろ足に起こることが多く、生後4ヵ月くらいまでに発症することが多いようです。床が滑りやすいと悪化するともいわれます。また、子ウサギのうちにテーピングなどで矯正する方法もあるので、その方法を取り入れている動物病院で相談してみてもよいでしょう。

深爪したとき

家庭でウサギの爪切りをするとき、血管を傷つけて出血させてしまうことがありますが、圧迫止血をすれば血を止めることができます。清潔なガーゼなどを出血しているところに当てて強めに押さえ、3〜4分くらいそのまま待ちます。そのあとは細菌感染などしないよう清潔な場所で休ませましょう。

深爪以外の傷でも小さいものなら圧迫止血で止血できますが、細菌感染などの心配があるときは動物病院で診てもらっておくと安心でしょう。

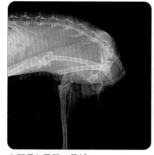
大腿骨と骨盤の骨折。

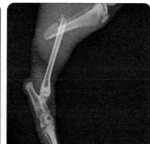
脛の骨折。

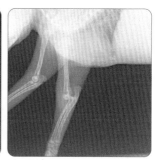
肘の脱臼。

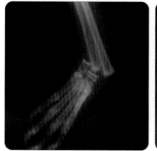
手首の骨折。

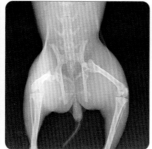
股関節脱臼。

前足の骨折を外固定の方法で治療。

神経の病気

気がつきたい症状
- ● 頭が斜めに傾く　● 眼球が左右または上下に動く　● 体が回転してしまう
- ● 体の動きを自分でコントロールできない様子がある　● 転んでしまう　● 耳を気
にする　● 顔つきが左右で違う　など

エンセファリトゾーン症

エンセファリトゾーンという病原体（ミクロス
ポリジア（微胞子虫）という真菌の仲間）が、
中枢神経や腎臓、目の水晶体などに感染
して起こる病気です。

不顕性感染（感染していても症状を示さない）
が多いですが、ストレスなどによって発症しま
す。斜頸や眼振、旋回、回転などの症状
が見られます。いずれもウサギの意思とは関
わりなく起こってしまう動きです。斜頸は頭が
傾くことで、よく見ないとわからない程度のも
のから、大きく傾いてしまい体のバランスが
取れなくて転んだり、回ってしまうようなものも
あります。眼振は眼球が水平方向や垂直
方向に小刻みに動くことです。ほかには、ブ
ドウ膜炎や白内障、腎不全といった症状
が知られています。

抗体検査を行います。斜頸などの神経
症状は中耳炎や内耳炎でも起こるため、エ
ンセファリトゾーン症の治療とともに中耳炎な
どの治療も行う方法が多く見られます。

姿勢を保てなかったり、自分の体がコント
ロールできないことでパニックになるなどして
ケージの側面にぶつかると危ないので、危
険のないよう柔らかい素材を置くことや、食

事の手助け、尿もれがある場合は下腹部
を清潔にすることなどの看護が大切です。

エンセファリトゾーン症は人と動物の共通
感染症の可能性があります。

中耳炎、内耳炎

中耳（鼓膜から内耳まで）や内耳（中耳の奥に
あり、音を感じる蝸牛や平衡感覚をつかさどる三半
規管といった器官がある）が細菌感染することで
起こる病気です。

鼓膜を経由して外耳炎から及ぶ場合も
あれば、耳管は鼻とつながっているため鼻
炎や歯根膿瘍が関わっている場合、中耳
炎が外耳や内耳に及ぶ場合もあります。

中耳炎では無症状か、耳を気にして頭
を振ったり耳をかいたりすることがあります。

内耳炎では斜頸、運動失調、眼振な
どが見られます。顔面神経に影響が及ぶと、
顔の麻痺が見られたり、顔の左右が非対
称になります。食べ物をうまく食べられないこ
ともあります。

治療は抗生剤の投与を行います。

外耳炎や鼻炎、歯根膿瘍などがあれば
治療を行います。

軽度の斜頸。

重度の斜頸になると姿勢を保てない。

運動失調を起こしている。

顔面神経麻痺によって筋委縮が起きている。

そのほかの病気

熱中症

　ウサギのような恒温動物は、暑いときや寒いときでも体温を一定に保とうとする能力があるので、多少暑くても平熱を維持しています。ウサギは耳に豊富にある血管から体熱を放散して体温を調整しているのです。

　ところがあまりにも高温だったり、湿度も高い、直射日光が当たっている、風通しが悪い、飲み水が不足しているといった環境や、太りすぎ、長毛種、高齢や幼齢、病気をしている、ストレスを感じているといった状態にあるときには、体温調節が間に合わず、熱中症になるおそれがあります。

　耳が赤くなっている、よだれが増える(体を

なめて濡らし、蒸発するときの気化熱で体熱を放散しようとするため)、呼吸が速くなるといった症状や、進行するとチアノーゼが見られたり、ぐったりし、重度になるとけいれんしたり、死亡することもあります。すぐに動物病院に連れて行きましょう。

　応急処置はすぐに体を冷やすことです。涼しい部屋で、絞ったタオルをビニール袋に入れたもので体を冷やします。冷たすぎると体温が一気に低下しすぎるので注意してください。耳や首の後ろ、脇の下、鼠径部などを冷やすと効果的です。すぐに元気になったとしても、ウサギが落ち着いたあとで動物病院で診察を受けておくと安心です。

感電

部屋で遊ばせているときなどに、通電している状態の電気コードをかじり、感電することがあります。

感電で起こることのひとつはやけど（熱傷）です。電気コードがショートしたときに起こる火花で口の中をやけどします。

もうひとつは電撃傷です。電流で体の組織が損傷します。やけどとは異なるしくみの外傷で、口の周りの組織に壊死が見られることもあります。電撃傷によって肺水腫になると、呼吸困難などを起こします。電撃傷の症状は時間がたってから発症することもあるので、動物病院で診察を受けてください。

やけどした部位を冷やし（冷水で濡らして絞ったハンカチなどを当てる）、動物病院に連れていきましょう。口の中を冷やそうとして無理に水を飲ませたりするのは誤嚥のおそれがあるのでやめてください。

状態に応じて抗生剤の投与などを行います。

電気コードは、ウサギがかじるおそれのある場所に通さないか保護チューブなどで保護しておきましょう。

心因性多飲多尿

多飲多尿の原因は、精神的なものである場合が多いと考えられています。

原因はストレスや運動不足、退屈、または痛みがあることによるストレスなどで、通常の3～5倍の水を飲むことがあります。水を飲む量が増えるので尿量も多くなります。

環境エンリッチメント対策により、飲水量が減少した例もあります。適切な環境を用意し、十分な運動時間を作ったり、安全なおもちゃを用意するなどの対策を行いましょう。

肥満

肥満は病気ではありませんが、過度に太りすぎていると、麻酔のリスクが高くなる、熱中症になりやすい、ソアホックになりやすい、皮膚や被毛の状態が悪くなるなどさまざまな悪影響が心配される状態です。

理想的な体格は、皮下脂肪がほどよくあり、体に触れたときに背骨や肋骨などの存在がわかりますが、骨っぽいゴツゴツした感じはありません。しかし太りすぎていると背骨や肋骨の存在がわかりにくく、上から見るとお腹が張り出して丸っこく見え、肉垂が過度に大きかったり、首周りや胸部、腹部の肉がだぶついています。

純血種の理想体重はあくまでもラビットショーに出陳するウサギの場合です。体格の大きいウサギなら、体格に見合った体重がベスト体重です。体重の数値だけで判断せず、体格とのバランスや皮下脂肪のつき方などで判断しましょう。

動物病院で健康診断を兼ねて体格をチェックしてもらうのがよいでしょう。もし減量が必要なほどに太っているなら、獣医師に相談しながらダイエットを行うのが安心です。

甘いおやつを控え、イネ科の牧草を中心とした適切な食事を与え、運動の機会を作ることで健康的な体型に戻せることが多いでしょう。時間をかけて行うようにし、急激に体重を減らすことは避けてください。体重や体格、排泄物の状態などをチェックしながら、無理のないように行います。

なお、成長期や妊娠中、授乳中には食事制限をしないでください。

ウサギと痛み

　ウサギも人と同じように、病気の状態によっては痛みを感じます。しかしウサギは捕食対象となる動物なので、あからさまに痛がるなど体調の悪い様子を見せようとはせず、具合が悪そうな様子に飼い主が気づくときには状態が悪くなっていることもあるものです。

　ウサギが痛みを感じているときの様子のいくつかを知っておきましょう。

しぐさや行動の変化

- □ 強い歯ぎしり（静かで穏やかな歯ぎしりは気分のよいときのもので、体調が悪いときの歯ぎしりとは異なります）。
- □ 呼吸が速くて浅くなる。
- □ 腹部を地面に押しつけるような姿勢や、腹部を引き込むようにして猫背になっている。
- □ グルーミングをしなくなるために毛並みがボサボサになっている。
- □ 落ち着きがなく座り方（寝方）をしばしば変える。
- □ 食べ物への関心がなくなる、食べなくなる。
- □ 背中を向けてケージの奥でじっとしている。

コミュニケーションの変化

- □ いつもはコミュニケーションを取ることを好んでいたのに、かまわれるのを嫌がる。
- □ いつもは声をかけると反応があるのに反応がにぶい。
- □ いつもは周囲で興味を引くようなことがあると目を見開いて関心を示すのに、目を細めたり閉じていて反応をしない。
- □ いつもと違って急に攻撃的になる。
- □ いつもはコミュニケーションを取る時間には巣箱や隠れ家にいることはないのに隠れている。

手術とウサギの食事

　イヌやネコでは手術前には絶食時間を設けますが、ウサギは食べない時間が長くなると消化管の動きが悪くなるおそれがあるため、長時間の絶食をしてはならず、絶食させるにしても短時間がよいとされるので、手術前にあらかじめ説明を聞いてください。

　ウサギの場合、手術後の食欲回復がとても大切です。ストレスや痛みなどから食欲をなくすこともありますが、消化管の動きが長い時間、止まってしまうことは避けなくてはならないことです。

　そこで、ウサギがよく食べてくれる食事メニューを考えておいたり、食欲回復のきっかけとなる大好物を用意しておきましょう。なかなか食欲が戻らないときは、強制給餌（225ページ）が必要かもしれません。

　エリザベスカラーを着けるときには、食事や水が摂れているかを確認し、必要があればサポートしてあげてください。

　避妊去勢手術の場合、エネルギー要求量が減るため、太りやすくなることがあります。ウサギの体格をよく観察して、太ってくるようであればペレットの量を調整するなどしてください。

人と動物の共通感染症と予防

人と動物の共通感染症とは

人と動物との間で相互に感染する可能性のある病気を、「人と動物の共通感染症」といいます。寄生虫、原虫、真菌、細菌、ウイルスなどのさまざまな病原体が知られています。重要な共通感染症は約200種あり、日本で問題となっているのは数十種といわれています。

人への危険度が高いものには、エキノコックス症、狂犬病（日本では1957年以降発生していません）、Q熱、レプトスピラ症、オウム病、高病原性鳥インフルエンザなどが、動物にとって危険度が高いものには、狂犬病、レプトスピラ症、犬ブルセラ症、犬糸状虫症、高病原性鳥インフルエンザなどがあります。イヌネコ以外の哺乳類から感染する注意すべき感染症には、エルシニア症、サルモネラ症、真菌症などがあります。

本書で取り上げたウサギの病気のうちでは、真菌症、ウサギツメダニ、エンセファリトゾーン症、また、ウサギが海外から輸入されるさいの感染症法による検疫対象となっている野兎病も共通感染症です。

新型コロナウイルス感染症も共通感染症のひとつです。実験的にはウサギにも感染しますが、ウサギから人への感染の可能性はきわめて低いといえるでしょう。

現実的に注意したほうがよいものは真菌症で、感染しているウサギの世話やコミュニケーションを介して人に感染するおそれがあります。

共通感染症を防ぐには

ウサギを適切に飼育し、病気があれば治療しましょう。世話をしたり遊んだあとは石鹸と流水でよく手を洗ってください。部屋の掃除をきちんと行い、換気します。空気清浄機を活用するのもよいでしょう。

また、節度を持った接し方をしましょう。キスをしたり口移して食べ物を与える、布団に入れるといったことはしないようにします。

自分自身の健康管理にも注意します。高齢者や乳児、病気治療中の人は免疫力が低下しているのでより注意が必要です。

人のウサギアレルギー

共通感染症ではありませんが、ウサギの被毛やフケなどが原因で人がアレルギー症状を起こすことがあります。くしゃみ、鼻水、かゆみなどの症状だけでなく、喘息や呼吸困難などの重篤な症状が出る場合もあります。イネ科の牧草や、牧草のカビやダニが原因となっている場合もあります。

症状が軽度なら、アレルギーの治療を行いながら、ウサギと生活空間を分ける、世話をするときは手袋、マスク、ゴーグルなどを着用する、世話のあとは十分な手洗いとうがいをする、家族に世話をお願いするといったことで飼育が継続できることは多いですが、重度な場合は命にも関わるので、新しい飼い主を探すことも検討してください。

ウサギの看護と介護

看護や介護をするにあたって

看護や介護の心構え

　ウサギが病気になったり高齢になったとき、家庭での看護や介護が必要となる場合があります。気をつけたいのはウサギに負担がかからないようにすることです。健康なときなら問題のないコミュニケーションも、体調を崩しているときにはウサギの負担になる場合もあります。かまいすぎにも注意しましょう。

　飼い主自身の心と身体の健康管理も大切なことです。「いつまで」と期限を決められない介護もあります。根を詰めすぎないでください。やるのが難しいことを無理にやるよりは、やれることはやる、というスタンスがよいのではないかと思います。

治療にともなう注意点

　投薬は動物病院で指示のあった量や回数を守って行います。病気の種類によっては、長期間、投薬が必要なものもありますし、定期的に繰り返しの投薬が必要なものもあります。薬の種類によっては、投薬をやめるときには徐々に量を減らしていかなくてはならないものもあります。効果が見られないからと独断で投薬を中断したり、指示された量や回数よりも多く投与するようなことはしないでください。効果に不安があったり、うまく飲ませられないときは動物病院で相談しましょう。

薬の与え方

飲み薬

* 液剤：シロップなど液体になっている薬です。甘い味がついている薬は自分からなめてくれることもあります。自分からなめてくれないときは、強制給餌（225ページ）と同じ要領でシリンジで与えるか、粉薬と同様に食べ物に混ぜて与えるとよいでしょう。
* 錠剤：粉薬を処方してもらうか、ピルクラッシャーなどを使ってつぶし、粉薬と同様の与え方をします。
* 粉薬：少量の水に溶いてシリンジで与えるか、好みの食べ物に混ぜて与えます。規定量を服薬させるため、食べ物に混ぜるなら少量の物に混ぜ、食べ残さないようにします。

　苦味がある薬だと混ぜた食べ物に対する嗜好性が低くなることがあります。いつも与えているペレットを砕いた物に混ぜてお団子状にして与える方法もありますが、これがきっかけでそのペレットを食べなくなることもあります。どうしても食べてほしい物には混ぜないほうがよいかもしれません。

　薬は「飲んでくれること」ことが重要なので、普段なら与えない物を選択肢にしてもよいですが、まずはウサギの適切な食事からなるべく外れない物からやってみてください。例としては、野菜をすりおろしたりミキサーにかけた物、無添加の野菜ジュースや果物

ジュース、ベビーフード（野菜や果物が原料で無添加の物）に混ぜたり、ウサギが食べ慣れている葉野菜で香りが強くクセのある物（セロリの葉、シソの葉など）に包むようにして与える方法もあります。リンゴのすりおろしやバナナをつぶした物は嗜好性が高いでしょう。

点眼

点眼液を目に滴下します。処方されたら動物病院でやり方を教えてもらいましょう。

一例としては、ウサギの体を安定させ（バスタオルで体を巻いて頭だけ出すなど）、上まぶたを引き上げて点眼します。なるべく目の近くから滴下しますが、点眼瓶の先が目やまつげなどに付かないようにしてください。目からあふれた点眼液はティシューなどで吸い取っておきます。

環境を整える

病気のウサギに適した環境

静かで落ち着いた環境を作ってください。普段はよくコミュニケーションを取っている場合でも、体調が悪いときには神経質になっていたり不安感が増していると思われます。騒がしくせず、ケージを部分的に覆うなどして薄暗くしておくのもよいでしょう。

体の自由が効きにくい場合

重度の斜頸や運動失調など、ウサギの意思とは無関係に体が動いてしまったり、転んでしまうようなことがある場合は、ケガをしない安全な環境を作ります。

ケージの側面にクッション（専用の物や、小型のクッションの裏側にひもをつけてケージの外側で結べるようにする）などを取り付けて、ぶつかっても危なくないようにします。

ケージの床の上に段差があるとつまずいて転びやすくなるので、できるだけ平らな状態にしておきます。柔らかい材質のマットを敷き詰めましょう。

寝たきりの場合

ほとんど動けなかったり寝たきりの場合には、モルモット飼育用のプラスチックケースなどを住まいにする方法もあります。底には柔らかい材質のマットを敷きます。ペット用の体圧分散マットやクッション、エアマット、ウサギ用や小型犬用のベッドなどもよいでしょう。尿もれがあるときの敷材にはペットシーツや吸水性のよいマイクロファイバーのバスマットなどがよく使われています。

人の場合だと、床ずれを防ぐには、体圧を分散させるクッション性や、素材の吸水性、蒸れにくさ、摩擦が少ない物、表面にシワがない物などがよいとされます。

酸素室

呼吸困難があるときなどには、酸素室を使う方法があります。家庭で利用できる市販品やレンタル品があります。酸素室、酸素発生器、酸素濃度測定器が必要になります。酸素濃度を高めに維持できて、完全には密閉されない酸素室が安全です。酸素濃度は濃すぎても危険です。使用する商品の説明書をよく読んでください。大気中の酸素濃度は21％ほど、酸素室を利用するときは30〜40％ほどが目安となります。

食事

自分で食べられる場合

　不正咬合の治療で歯を削ったあとなど口の中に違和感があるなど、いつもの食事が食べにくいようなときは、ふやかしたペレットや草食動物用粉末フードに水分を加えてお団子状にした物などを与えるとよいでしょう。食欲を取り戻すきっかけとなるよう、大好物を少し与えてみることもできます。

自分で食べられても姿勢が維持できない場合

　ウサギが高齢になって体の自由がきかなくなったり、下半身の麻痺や斜頸などで姿勢を維持できずに食事がしにくいときにはサポートが必要となります。ふらついたり倒れたりしてうまく食事ができないと、食べる意欲をなくしてしまうこともあります。

　一例として、食事の時間には手で体を支えて補助したり、サイズの合うU字型クッションなどで体を支える方法があります。

　自力採食だけでは足りないようなら、食べ物を口元まで持っていって食べさせたり、必要があれば補助的に強制給餌を行います。

　寝たきりの場合でも、口が届く場所に食べ物があると食べてくれることもあります。ペレットのほか、柔らかいタイプの牧草、野菜類を置いてあげましょう。それに加えて、食べ物を口元まで持っていって食べさせましょう。

　いずれの場合も、飲み水も十分に与えることが大切です。

強制給餌

　食べない状態が続くことは命に関わるため、必要があれば強制給餌を行います。ただし、病気によってはするべきではない状況もあるので（消化管が完全に閉塞している場合など）、獣医師に相談してから行ったほうが安全です。そのさい、適切な方法も教わるとよいでしょう。以下は強制給餌の一例です。

* 与える物：砕いて水分を加えてドロドロにしたペレットや草食動物用粉末フードを溶いた物などの流動食を与えます。嗜好性を高めるために野菜や果物のすりおろしなどを加えるのもよいでしょう。

* シリンジの準備：いろいろなサイズの針なし注射器は動物病院で入手可能なほか、シリンジ型の給餌器も市販されています。小さいシリンジに流動食を入れたものを何本も用意しておいて与える方法だと、「何本分食べた」と確認しやすいでしょう。

* シリンジの準備と扱い：流動食がシリンジの先端が細くて出にくいときは先端をカットする方法もあります。その場合は切断部分を目の細かいやすりで整え、ウサギの口を傷つけないようにしてください。実際に与える前にシリンジの扱いを練習し、自分自身が流動食の量を加減して出せるやり方を見つけておくとよいでしょう。

* ウサギの体勢：飼い主がやりやすくてウサギが暴れず、なるべくストレスがかからない方法で行います。飼い主が床に座り、足の間にウサギをはさむようにして後ろから与えたり、飼い主の膝の上に乗せて与

えます。ウサギの体をタオルで巻いて頭だけ出すようにすると、ウサギが暴れにくいでしょう。

* **与え方**：シリンジの先を切歯と臼歯の間の隙間から入れ、少量を舌の上に押し出します。ウサギがもぐもぐと食べて飲み込んだら次を与えます。口の周りが汚れたらウェットティッシュなどで拭き取りましょう。

* **回数と量**：完全に強制給餌だけで栄養を摂るなら、健康なときの一日の食事量が目標ですが、最初はその半分くらいから始めるとよいでしょう。いつも食事を与えている時間を中心に、数回(3〜4回)に分けて与えます。便の量(数や大きさ)を見ながら与える量を調整するとよいでしょう。強制給餌がストレスにならないようなら、通常時の便の量に近くなるくらい、与えてもよいでしょう。

飲み水

水を飲ませることはとても重要です。ウサギの状態によって、ノズルタイプの給水ボト

強制給餌の方法の一例。

ルではうまく飲めなくなってきたら、ボトルの高さを調整したり、お皿が付いているタイプの給水ボトルやお皿で与える、シリンジで水を飲ませるといった方法で水を与えます。

盲腸便

盲腸便はウサギにとって大切な栄養源ですが、体を動かしにくくなると肛門から直接食べられなくなり、床に排泄したままになってしまいます。排泄したばかりのものを口元に持っていって食べるようなら与えてもよいでしょう。栄養バランスのよいペレットを与えていれば盲腸便が食べられないとしても栄養面での問題はないと考えられていますが、盲腸便によって陰部が汚れることへのケアが必要になります。

誤嚥に注意

シリンジで食べ物や飲み物を与えるときに気をつけたいのは誤嚥させないことです。誤嚥とは食べ物などが食道ではなく気管に入ってしまうことです。誤嚥性肺炎を起こす恐れがありますし、そうならなくても人が誤嚥したときと同じで苦しく、体力を奪います。十分に注意して行ってください。

体のケア

毛づくろいができなくなったら

体を自由に動かしにくくなると毛づくろいができなくなるため、飼い主の手助けが必要になります。看護や介護に当たって体のケアが必要になってきたら、ケアに力を入れている

ウサギ専門店に相談するのもよいでしょう。

耳掃除が必要になることもあります。傷をつけないよう注意が必要なケアなので、できれば動物病院やウサギ専門店でお願いするほうがよいでしょう。家庭で行うときは、綿棒にイヤークリーナーを染み込ませて、見えているところだけをぬぐうようにします。耳垢を押し込まないようにしてください。

涙や目やにで目の下が汚れることがあります。ぬるま湯で湿らせたガーゼでそっと拭いてあげたり、濡らして絞ったタオルを42〜43℃に温めたもので目の周囲をホットパックするのもよいでしょう。

お尻周りのケア

毛づくろいができなくなったり、体が動かせなくなると、陰部やお尻周りが盲腸便や軟便、尿などで汚れやすくなります。衛生管理としてお尻周りのケアを行いましょう。

❊ 軽度の汚れ：赤ちゃん用のお尻拭きシートが便利です。冬場にはお尻拭きウォーマー（お尻拭きを温かくしておく器具）も取り入れるとよいかもしれません。

❊ 部分的に洗う：洗浄ボトル（ドレッシングボトル、洗浄シャワーボトルなど）を使って部分的に洗う方法です。一例としては、床にペットシーツを広げ、床に座った飼い主の膝頭にウサギを寄りかからせ、洗浄ボトルでぬるま湯を汚れた部分にかけ、汚れを浮き上がらせて、ティシューでそっと汚れを拭き取ります。水分が残らないようにやさしく拭き取ってください。

❊ お尻を洗う：必要があればお尻を洗います。以下は手順の一例です。

❶ 取り除ける便などは取り除いておく（強く引っ張るなど無理はしない）

❷ 桶（洗面器、洗い桶など）の底に折りたたんだタオル（滑り止めのため。ゴムマットなどでも）を敷き、お湯（ウサギの体温くらい。38〜40℃ほど）を張る。

❸ ウサギを抱き上げて、お尻（汚れた部分）をお湯の中に浸す。

❹ 優しく洗いながら汚れを取る。

❺ 汚れがひどいときはあらかじめお湯を張った桶を別に用意しておいてそこでゆすぐ。

❻ 吸水性のよいタオルで水分を取る（強くこすらない）。

❼ ウサギが嫌がらないならドライヤーを低い温度にして乾かす。

寝たきりのウサギのケア

寝たきりだと体の同じ場所（特に骨が出っ張っているところ）にばかり体重がかかり、血行が悪くなって床ずれができることがあります。一日に何度か、姿勢を変えてあげるとよいで

洗浄ボトルを使って部分的に洗浄する方法の一例。

しょう。寝返りを打たせるほか、体重が一箇所にかからないようにするため、人の介護用クッション、U字クッションやドーナツクッションなども使用できます。

寝床を衛生的に保つことも床ずれ予防には大切です。

圧迫排尿

脊椎損傷などでは、損傷した場所によっては自力での排尿が難しくなることもあります。膀胱を外から押して排尿を促す圧迫排尿の方法を動物病院で教わってください。

ストレッチやマッサージ

動かない状態でいると手足の関節が固まってますます動きにくくなります。無理のない程度に関節の曲げ伸ばしをしてあげるのもよいでしょう。マッサージは、詳しい獣医師の指示のもとで行うようにしてください。

高齢ウサギのケア

高齢になると見られる変化

5歳くらいから中年期、7～8歳くらいから高齢期というのがひとつの目安です。高齢になると以下のような変化が見られます。

☐ 食べるのに時間がかかったり、硬い物が食べづらくなる。
☐ 消化器官が衰えるので軟便や下痢、消化管うっ滞などになりやすい。腫瘍、心臓の病気、呼吸器の病気、腎臓の病気などになりやすい。
☐ 運動量が減って太りやすくなったり、採食量が減って痩せるなどの変化がある。
☐ 運動能力が衰え、筋肉量が落ちる。
☐ グルーミングが減る。被毛が薄くなったり

高齢になると見られる変化

目やにや涙が増える

腫瘍や心臓・呼吸器・腎臓の病気などになりやすい

運動能力が衰え、筋肉量が落ちる

硬い物が食べづらい

被毛が薄くなり毛ヅヤが悪くなる

感覚が衰える

不活発になる

消化器官が衰える

毛ヅヤが悪くなる。目やにや涙が増えたり、耳が汚れやすくなる。

□感覚が衰える。

□不活発になり、寝ていることが多くなる。

ただし、見られる変化が老化によるものではなく、治療可能な病気の場合もあります。心配な点があったら診察を受けたり、高齢になったら半年～3ヵ月に一度の定期検診を受けるとよいでしょう。

元気な高齢ウサギ

高齢になっても健康で元気なウサギもいます。高齢だからと気を回しすぎることで、本来持っている能力が生かせなくなるのもよくありません。歯が丈夫で硬い牧草をしっかり食べられているのに、高齢だからと柔らかい牧草に変えてしまうと、かえって噛む能力を弱めてしまうかもしれません。運動させなくなると、筋力が衰えてしまいます。

とはいえ、外見上は元気に思えても、見えないところでは老化が進んでいるのだということは理解しておきましょう。

運動能力が衰えていることをウサギ自身が理解しておらず、飛び乗ろうとした場所に乗れずに落ちることもあります。ケージ内の段差は徐々に低くしていって最終的に取り外します。少しずつ変えていき、より高齢になったときにバリアフリーな環境で安全に暮らせる準備を進めましょう。

サポートが必要な高齢ウサギ

病気があるわけではなくても、足腰が弱ったり寝たきりになる高齢ウサギもいます。224～228ページ（環境を整える、食事、体のケア）を参考にしてください。

高齢ウサギの飼い主として

ウサギが高齢になると、トイレで排泄しなくなったり、以前はできていた運動ができなくなるなどの変化が見られ、「年を取ってきたんだな」と感じて悲しくなるようなことも出てくるかもしれません。世話の手間もかかるようになってきます。

ウサギが長生きしてくれたからこそ、高齢になったウサギの世話をすることができるのです。嬉しいことだと思って日々、接してほしいと思います。

できないことは増えてきますが、こうしなくてはならない、と強く思い込まずに見守ることも大切ではないでしょうか。高齢ウサギとはおおらかな気持ちで接することが、ウサギにとっても飼い主にとっても幸せなことだと思います。

高齢ウサギのことをもっと知りたい

高齢ウサギと一緒に生きていくための心の置き方や、高齢ウサギの健康チェックやなりやすい病気、体のケアのことなどについてまとめた一冊です。早めに読んでおくと心と環境の準備もしやすいですね。

『うちのうさぎの老いじたく』
うさぎの時間
編集部[編]
誠文堂新光社[刊]

● 保護ウサギも含めこれまでに6匹のウサギを迎え、自分で飼い始めた3匹は運よく特別なことをしなくても、全員12〜15歳近くまで頑張ってくれました。介護や看護が必要だったのは最初の1匹です（音々ちゃん・推定12歳10ヵ月ほど）。最後のひと月ほどを半寝たきりになった際に、下半身を洗ったり、床ずれしないように向きを変えたり、寝転んだままでも食事を取れるように顔の周りに小さくちぎった野菜をばら撒いたりといったことをしました。

　これまでのウサギたちの経験から、加齢や疾患で弱っているときは、ふやかしペレットだと食が進んでいるようでした。すりおろした果物や野菜なども混ぜやすいですし、かかりつけ獣医師にも「特にデメリットは見うけられない」と意見をいただきましたので、問題はないかと思います。あとは与えるさいの温度も、もしかしたら口にしやすかった理由かもしれません。ふやかすときは熱湯で行いますが、実際に与えるさいはウサギの体温かそれより少し低いくらいにして与えるようにしていました。果物や野菜と混ぜるさいもできるだけ常温か、少し温めていました。（ばにこさん）

● 数年前から粉薬を与えているのですが（だっふるちゃん・10歳8ヵ月、投薬は7歳10ヵ月から）、シロップなどで甘くするとかえって苦さが際立つようで、完全に拒否してしまいました。その後は大好物の大葉にヘアボールリリーフを薄く塗り、そこに粉薬を掛けて丸めて口元に持っていくと喜んで食べてくれました。現在は薬が増えたので、少量のお湯に粉薬と苦い水薬（4〜5滴）、貧血薬のFVCリキッドとヘアボールリリーフやアクアゼリーをよく混ぜて与えるとおやつだと思って喜んで飲みます。

半端に甘い物を混ぜるより濃い味や油脂などで薬を包み込むものと一緒の方が飲んでくれやすいと思いました。（かんなさん）

● 不自由な足腰に伴うケアとお腹の調子のケアを行っています（Glückちゃん・12歳）。11歳のお誕生日を過ぎてから足腰が立たなくなり、自由に身動きができなくなり、要介護となりました。2022年に学会で症例発表された注射液（犬骨関節炎症状改善剤カルトロフェン・ベット）での治療中です。

　左足の支える力がなく、左前足で体を支えてしまい、その前足が開張しています。体重も減り、食欲はあるのにお腹がゆるくなることが多く、病院で相談すると整腸剤を出して下さり、今は調子よく快便です。体重はなかなか増えず、獣医師指導のもと、ペレットの量を増やし、だんだん増えてきているところです。

　当初、自由に身動きが取れない自分に気持ちの整理がつかない様子で、目がうつろで覇気のない表情でしたが（獣医師曰く、多分鬱状態）、自分の状況を受け入れたのか、治療の成果か、目力が戻り、表情も以前のかわいいお

顔で私にいろいろな要求ができるようになりました。

当時私は試行錯誤しながら寄り添い、病院に行くことしかできませんでした。今はお互いに状況に慣れてきて、どうしたら心地よくいられるかがわかってきたところです。

横たわる状態が左側ばかり下になってしまうので、日々マッサージとケアは欠かせません。左足の側面がこすれて毛が禿げ、ソアホック気味になっており、これ以上酷くならないよう考え中です。

お水は、定期的にウサギの前に持っていき飲ませたり、留守にする時間が長い時は濡らしたお野菜を置いていきます。ご飯のお皿も平らなものに変更し、牧草は直置きしています。

盲腸便は出たら拾って食べさせ、オシッコはなるべく私がいるときにペットシーツの上で促しています。オシッコは足についてしまうことがあるので、ウェットティシューで拭き、どうしてもそばにいられず下腹部が汚れたときは、洗い流しのいらないスプレーやシャンプーで対処。

ケージは床とフラットになるようにし、外に這い出られるようにしました。柵には手足が引っかからないよう布やプラスチックダンボールを工作して囲いをつけています。床にはオシッコが浸透しない介護シーツやペットシーツの上にマイクロファイバーバスマット（SUSU）を敷き詰め、その上でくつろいでいます。

一緒にいるときは表情で、一緒の部屋で寝ているときや少し離れた場所にいるときは、足をバタバタさせて、「チッコが出たよ〜」「盲腸便出たよ〜」などで、私に何をしてほしいかを教えてくれて、介護するその時間がなんとも尊く感じ、愛おしくてなりません。（mayumiさん）

○ 先代のウサギさんは（すももちゃん・5歳2ヵ月）、臼歯の不正咬合から膿瘍ができ、顎下、目の下などから膿が出てきて治療をしていました。

抱っこのできない子でしたが、薬はきちんと塗らせてくれました。今の子（マグちゃん・9歳4ヵ月）の去勢手術のときもそうですが、術後の2日くらいは、ずっとケージの横で生活して、患部を触らないように見ていました。そのようなことがあったあとになると、ふたりとも私に対してそれまでよりももっと心を開いてくれるようになったと思います。（すももさん）

○ エンセファリトゾーン症を発症したさいには（小梅ちゃん・2歳5ヵ月、お姫ちゃん・2歳11ヵ月）、ケージ内をクッションで囲み、ローリングが始まるのを想定して、摩擦が少ない綿布でクッションを囲みました。手足をクッションで抑えると安心して落ち着くので、長方形のクッションは大活躍しました。（ゆいままさん）

○ エンセファリトゾーン症になり（ごんたちゃん・6歳）、右麻痺と体幹失調が出ました。最初の1週間くらいは仕事を休んで、24時間看護とリハビリをしました。その後、仕事に戻ってからも朝、昼休み、夜、夜中にリハビリを継続して行いました。強制給餌や食事は多い時で一日7回行いました。（まにゃんさん）

介護や看護を行うにあたっては、かかりつけの獣医師ともよく相談しながら、飼い主に可能で、そのウサギに合った方法を取るようにしてください。

介護に取り入れられる用品類

【マット・ベッド・クッション類】

スポンジ入りの
柔らかい
フロアマット

マイクロファイバー製の
マット

吸水性があり、縁に頭を
乗せられるベッド

体を支えたり寄
りかかることので
きるU字ピロー

ケージにぶつかっ
たときの安全のた
めのクッション

【酸素室】

ペット用酸素室（Sサイズ）
※用品も入れる場合は
　Mサイズを推奨

酸素濃縮器

【シリンジ】

シリンジ（12mL）

注射器型フィーダー
（14mL）

【パウダーフード】

草食動物用パウダーフード

ウサギ用介護食

グルテンフリーの流動食

ウサギを
見送る

お別れの準備

よいお別れをするために

　ウサギとのお別れは、いつかは必ずやってくるものです。長い闘病ののちのお別れもありますし、長生きをしたのちのお別れもあります。思いもよらぬ急なお別れもあるかもしれません。どんな場合でも、できる限り後悔のないお別れをしてほしいと思います。

　この世界でウサギと一緒に暮らせる時間には残念ながら限りがありますが、思い出の中に生きるウサギとのつながりは永遠です。その思い出が温かなものであるためにも、よいお別れをすることはとても大切なのです。

ウサギの終活

　ウサギの「終活」をしておくのもひとつの方法です。家族で話し合いをしておくのもよいでしょう。「生きているのに縁起でもない」と思われるかもしれませんが、人では「生前墓」は長寿を願う縁起のよいことですし、何より、ウサギが寿命を終える日が近づいているときや、亡くした直後の混乱の中では、冷静にものごとを判断するのは難しいこともあるからです。

　ウサギが亡くなる前提でものごとを考えるのは悲しくなってくるものです。「ウサギの終活」にしっかり向き合う時間を作り、終活メモを記録として残しておいたら、必要なときまでそのことは忘れて、ウサギとの生活を楽しみましょう。

=== ウサギの終活の例 ===

☐ どこで看取るか（入院をしていても治る見込みがないなら家庭に連れて帰るか、最後まで獣医療のプロにお任せするかなど）

☐ 苦痛が続いている状態ならどうするか（最後まで治療をする、安楽死の検討など）

☐ 供養の方法（ペット霊園で供養、手元供養、自治体を利用、庭に埋葬）

☐ ペット霊園を使うならどこにするか

ウサギの看取り

　一日でも長く生きてほしいと願い、できる限りのことをしてあげながらも、残された日々がどうあったらよいのかと考えることも必要でしょう。ウサギに幸せな時間をたくさんもらったお礼に、ウサギが穏やかに過ごせるようにしてあげたいものです。負担にならない程度に、声をかけるなどのコミュニケーションを取るのもよいでしょう。一瞬一瞬を大切に、ウサギとの毎日を過ごしてください。

　亡くなるときのありようはさまざまです。飼い主の腕の中で静かに息を引き取るウサギもいますし、苦しげな様子を見せるウサギもいます。家族に見守られながら亡くなるウサギもいれば、そばに誰もいないときに亡くなるウサギもいます。しかし、どういう形だとウサギがかわいそう、などということは決してありません。ウサギが亡くなったら、あるいは亡くなっていることがわかったら、縁あって家族でいてくれたことに「ありがとう」とウサギに伝えてほしいと思います。

お別れの方法

供養の方法

　供養の方法には「自宅の庭に埋葬」「自治体に依頼」「ペット霊園の利用」があります。

● 自宅の庭に埋葬：持ち家なら、自宅の庭の埋葬は可能です。野生動物に掘り起こされないよう1mほどの穴を掘ります。遺体は箱などには入れず綿や絹などの自然素材の布で包んで穴の中に安置します。土が小高くなるよう埋め戻し、目印としてきれいな石などを上に置きます。公園や山林などの公共の場や他人の私有地への埋葬は違法です。

● 自治体に依頼：自治体でもペットの火葬を行っていますが、個別火葬はまれで、合同火葬か、一般廃棄物として焼却するなど自治体によって違います。自治体に確認してください。

ペット霊園の利用

　ペット霊園にはペットの火葬と供養をお願いできます。いろいろな形態があるので、納得できる方法を選びましょう。

● 火葬の形態：1匹だけで火葬する個別火葬、数匹の動物を一緒に火葬する合同火葬

● 火葬への立ち会いと拾骨：できるかどうか確認が必要

● 返骨：あり（手元供養）、なし（共同の墓地）、ペット霊園附属の納骨堂や納骨室に安置したり墓地に埋葬する

● セレモニー（僧侶の読経など）：できるかどうか確認が必要

ペット霊園を見つけておく

　近年はペット霊園を利用する飼い主が多く、また、ペット霊園の数も増えています。しかし、費用に関するトラブルがあったり、不

ペット霊園の利用（墓地への埋葬、納骨堂への安置）のほか、手元供養もひとつの方法です。

誠実な対応があるなどの問題が起きることもあります。そのため、ペット霊園はよく調べたうえで選ぶようにすることをおすすめします。とはいえ、ウサギが亡くなってからではじっくりと探す時間はありません。なんでもないときに時間をかけて候補をいくつか選んでおくことをおすすめします。インターネットを検索して

みるのもよいですし、ウサギを見送ったことのある知人に評判を聞いてみるのもよいでしょう。切迫していないときに探すことで、複数のペット霊園を比較検討する余裕もできます。

　ペット霊園は、ウサギの体と最後のお別れをするとても大事な施設です。ウサギを見

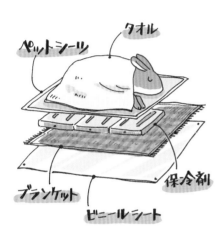

亡くなったら体を冷たくして傷みを防ぎます。

棺には心を込めてお花を供えます。

個別火葬では一体ずつ荼毘に付します。

立ち会い火葬ではお骨上げを行います。

送ることになる場所がどんなところなのかもあらかじめ見ておけるとよいでしょう。見学会をしているペット霊園もあります。施設の清潔感、スタッフの丁寧さ、中でもスタッフが亡くなった動物に対して敬意を持って接しているのかどうかなどもわかるでしょう。しばしばペット霊園にお参りに行くことになりそうなら、行きやすい場所にあったり、行って落ち着けるような場所であることも望ましいでしょう。

═══ ペット霊園を選ぶときの確認事項 ═══

☐ ウサギを受け入れているか（ほとんどのペット霊園では受け入れています）

☐ ホームページには必要十分な情報が掲載されているか（見栄えよりも、料金などの情報が明確か、火葬施設の写真なども載せているかなど）

☐ 供養の形態（火葬のみ、墓地（個別・共同）、納骨堂・納骨室など）

☐ 見学（下見）が可能か

☐ 費用の確認（料金体系は明確か、基本料金に含まれているものやオプション料金がかかるもの、支払い方法の種類など）

ウサギが亡くなったら
（ペット霊園利用の場合）

安置の仕方

ウサギが亡くなったら、遺体をきれいにしてあげます。汚れがあったら拭き取り、被毛がもつれていたらブラッシングしてあげましょう。苦しそうな姿勢で亡くなっていたら、死後硬直が始まる前に自然な姿勢に整えてあげてください。

腐敗を防ぐため、ウサギの体を冷やす必要があります。

ビニールシートなどの上にバスタオルやブランケットなどを敷き、保冷剤を置いて、その上にペットシーツを敷いてウサギを寝かせます。タオルなどをかけてあげるとよいでしょう。保冷剤はウサギの体の下すべてが冷えるような大きさや数が必要です。体を触ると冷たいと感じるくらい、冷却してください。体液などでペットシーツが汚れたら交換し、保冷剤は適宜、冷えた物に交換します。気温が高い時期ならエアコンで部屋を涼しくします。

ペット霊園へ連絡

ペット霊園へ連絡をして葬儀の予約をします。次項のように一晩は一緒にいられるとよいので、翌日、遅くとも翌々日の予約が取れるとよいでしょう。あらかじめ複数のペット霊園を選択肢にしておくと予約が取りやすいかもしれません（土日祝日は予約が集中します）。

「お通夜」の時間

人は亡くなってから24時間経たないと火葬できませんが、ペットではそういった法律はありません。しかしできれば、人でいう「お通夜」のように、ウサギの冥福を祈る時間を作ることができるとよいでしょう。

ペット霊園へ連れていく

ウサギの体よりも少し大きめのサイズの容器にウサギを納めます。手頃な紙の箱があれば使うか、ペット用の箱型やバスケットの棺が市販されています（棺ごと火葬する場合と、棺から出して火葬する場合があります）。

棺には、食べ物やお花、手紙などを入れてあげましょう。金属やプラスチック製の物などは入れられないことが多いです。

ペット霊園での供養

ペット霊園での手順はどういった供養の形態を選んだかによって違います。立ち会いをする個別火葬の場合、ペット霊園の火葬炉で荼毘に付され、お骨上げをします。

お骨はペット霊園の納骨室や墓地に納めるか、自宅に連れて帰って供養します（手元供養）。納骨室や墓地はペット霊園の営業時間内ならいつでもお参りできるのが一般的で、お彼岸やお盆に法要が行われることもあります。

手元供養

お骨を自宅に安置して供養することを手元供養といいます。決まった方法はありませんが、ペット用の仏壇など人の供養でも使われる仏具がかわいくデザインされた物も市販されているので、利用するのもよいでしょう。

納骨しないと成仏できないなどといわれることがありますが、手元供養も立派な供養の形です。生前の写真を飾ったり、好きだった食べ物をお供えするなど思いのままにウサギを供養するとよいでしょう。

亡くなったら行うこと

事務的な処理では、マイクロチップ情報を登録していた場合には情報の削除をしておきます。また、ペット保険に加入していたら解約手続きを行います。

かかりつけ動物病院があれば、獣医師に経過などを報告してもらえればと思います。治療に効果が見られたのか、どういった変化があったのかといった情報が新たな知見になる場合もあります。

また、気持ちが落ち着いてから、飼育管理や闘病の経験をSNSなどで伝えるのもよいことです。こうした報告や体験談が、ほかのウサギたちのためにもなり、亡くなったウサギが残したことが次の世代のウサギたちにつながることになるでしょう。

かわいい骨壷カバー

ウサギ柄の仏具セット

ペット用の仏壇

ウサギアンケート **23** ペットロスの経験を聞かせてください

　大切なペットを失ったときの喪失感をペットロスといいます。その程度に個人差はあっても、誰もが体験することだと思います。悲しみの感情に無理に蓋をせず、泣きたいだけ泣いてください。いつか時間が経てば、笑顔でウサギとの日々を懐かしむことができるようになるでしょう。これほどまでに感情を揺さぶってくれるような動物と出会えたことはとても幸せなことだと思います。

　大切なウサギとのお別れを経験したことのある皆さんに、ペットロスの体験やどのようにして立ち直ったのかをお聞きしました。

● 先代の子が旅立ってから次の子をお迎えするまでは、わりと短い時間でした。新しくお迎えした子に申し訳ないくらい、寂しくていつまでもメソメソしていました。せっかく来てくれたのに、かわいそうな思いをさせてしまったかもしれません。たくさん病気をかかえてお世話の仕方や治療費が大変でしたが、教わったことの方が多く、悲しみ、そして、寂しさを乗り越え、今は感謝の気持ちでいっぱいです。ウサギさんってとても賢いなと思います。きっと、私の気持ちも悟っていたのではないかと思います。それから、ウサ友さんの存在にもずいぶん救われました。（つねかめさん、チーズちゃん・10歳3ヵ月）

● これまでに6匹を見送りました。毎回悲しかったし涙も出ましたが、時間とお金は生きている子に使おう、と割り切れたので引きずりませんでした。それは、「今、自分にできることはやるだけやった」といえたからだと思います。半年に一回の健康診断で良好な状態を記録に残しておいたから最短で最善手を選択してもらえたこと、必要な検査や治療が受けられるようお金を準備したこと、ウサギ仲間との情報交換や、経験などとを知識として蓄えたことなど、運よくこれらが決して無駄ではなかった、といえるだけのことがあったから後悔も少ないんだろう、と思います。

　信頼できる獣医師を見つけられた、という部分も大きいと思います。「あの先生でダメだったんだから仕方ない」「仕事をしているから、時間のすべては注げなかったけど、できる検査と処置は全部やるだけやったしな」と思えたのです。

　後悔は絶対にゼロにはならないので、だったらそれができるだけ少なくて済むように備えをすることが、結局のところウサギの寿命にも自分の気持ちにもプラスに働くのでしょう。（ぱにこさん）

● ダイニングの奥に写真とお骨を並べ、食事のたびに目にしながら少しずつ受け入れていきました。最後まで少し食欲が落ちるなどはあったものの、元気だったので人生生だと思います。（マナママさん、ティモシーちゃん・9歳）

● 写真集を作りました。思いっきり泣きながら写真を選んで、最後に手紙を書きました。6歳手前で家庭内での事故により下半身不随になり、それからずっと介護をしてきた子で、思い入れも人一倍ありました。最初の子のときは泣けなくて、その後、心不全のような症状が出たこともあり、2匹目の子のときは泣く環境を自ら作りました。（ごえもんさん、むさしちゃん・10歳4ヵ月）

● ウサギの看取りはありませんが、過去にたくさんハムスターを看取りました。私の場合はお骨を見ると「ああ、亡くなったんだな」と現実を受

け止められるので、個別の火葬にして自分で拾骨しています。火葬場からはお骨と一緒にドライブします。ウサギのときもそうすると思います。（ほげまめさん）

◉ 次の子をお迎えするまで4年かかりましたが、こればかりは時間が解決してくれるのを待つしかないと思います。とにかく気が済むまで泣く、自分が選んだ治療法を後悔しない（飼い主が悩み抜いて選んだ治療を悔やんでしまったらその子の死が無駄になるし、どんな治療法にも正解はないから）、これに尽きると思います。（かんなさん、うーたまちゃん・5歳）

◉ 自分ちの子も、わが家でお世話している保護っ子も、亡くなるときはほんとに辛いですが、保護っ子たちが途切れることなくわが家にいてお世話を続けていくことや、ほかの子たちがいることで気持ちが癒されています。（レンさん、ウサちゃん・7歳）

◉ 初めてのウサギを見送ったあと、ウサギの飼い方やウサギについて専門家からとにかくたくさん学び、勉強しました。そのあと、家族と相談の上、新しいウサギをお迎えしました。（ゆきちさん、ロリポップちゃん・6ヵ月）

◉ 今まで3ウサギさんをお月様に見送りました。ウサ友さんにお話を聞いてもらう、辛いときは思いっきり泣く、時間の経過、ウサギさんのお迎えといったことで乗り越えてきました。1代目、2代目のときは鳥さんも一緒に暮らしていたので、鳥さんに救われましたが、3代目の子のときはその子だけだったので、気持ちの持っていき場がなく本当に辛かったです。それを救ってくれたのが、今一緒に暮らしている海老蔵です。3代目の子の四十九日のとき、動物霊園で猫ちゃんをなでて久しぶりに感じた動物の温もり

に懐かしさを感じ、3代目の子がまたウサギさんと暮らしてよ、っていってくれてるみたいで、あぁまた暮らしたいなって思いました。海老蔵をお迎えしてからは、牧草を食べる音などなんでもないものすべてが嬉しく、心の中の重しが取れていくようでした。

今でも、お月様にいった子たちを思い出すと胸がキューンとなり涙するときもまだまだあるけど、あの子たちと暮らした日々はなにものにも代えがたい大切な宝物です。そしてウサギさんを亡くした悲しみはウサギさんが癒してくれています。海老蔵の中にみんなの面影を見ています。（ブルーベリーさん、マーブルちゃん・12歳）

◉ 泣くことを我慢せず、無理に立ち直ろうとせず気持ちのままにすごしました。写真にお香を焚き、お祈りすると感謝の気持ちがあふれ、だんだんと心の整理がついていったと思います。まだ完全には哀しみが癒えていなかったときに、保護っ子との出会いがあり、今も前の子への想いは消えてはいないけれど気持ちも変わっていったように思います。（mayumiさん、むぅちゃん・13〜14歳）

◉ 初代のウサギが亡くなり、火葬後3日で新しい子を迎えました。薄情で酷い人間だと思われるかと思いますが、仕事中ふいに涙が出そうになったり、気力がまったくわかなかったりと、ペットロスで日常生活が立ち行かなかったのです。初代の子を忘れたわけでは決してありませんし、私が死んだら一緒に遺骨を埋葬してもらうつもりです。私個人の感覚では、ウサギで失った心の穴は、ウサギでしか埋まりませんでした。（ゴンチャロフさん、チャキちゃん・4歳1ヵ月）

◉ ペット霊園（ペットセレモ）でいただいた虹の橋のお話が一番救われました。晩年は苦しい思いばかりさせていたので、健康な身体になって駆けまわれているならいいな、と思えるように

なったことと、飼い主である自分がいつまでも悲しんでいてはいけないので、楽しかった思い出をたくさん思い出したり、家族と話したりしていました。（W.Nさん、みるくちゃん・7歳6ヵ月）

- 今まで2匹を見送りましたが、お別れが突然だったのでかなり苦しかったです。悔いなく愛を与えることができたと思うし、寿命を全うしたんだと思うことで少し立ち直ることができました。（なるみさん、ピースちゃん・8歳）

- 今の子が立ち直らせてくれました。私も落ち込みましたが、初めて動物と暮らし、そのかわいさに溺愛していた主人の落ち込みがかなり激しく、数ヵ月後に今の子を迎えました。最初はあんなにかわいい子はもういないと拒否していた主人も、たまたま自分と同じ誕生日の子に運命を感じたらしく、その子を迎えました。（saoriさん、レッキちゃん・2歳10ヵ月）

- 家族で悲しみを共有したのでいつまでも泣くことはありませんでした。祭壇を設けて毎日お線香と好きだった食べ物をお供えして話しかけたりしていたので、少しずつ受け入れられたのかもしれません。（ゆりなさん、めのうちゃん・5歳11ヵ月）

- 今までウサギは2匹見送りましたが、介護した先代のウサギはとにかく長生きだったし、付き合いが密だったので、見送ったあとやり切ったと思っていました。しかしそれまで介護が1日の大半を占めていた毎日でしたので、どうしたらいいんだろうか？　となりました。死んだら会えるかな、ぐらいに思ってました。生まれ変わって戻ってくると信じていたので、数ヵ月後その子を迎えたお店で同じ色のウサギが生まれたというので、生まれ変わりだ！　と会いに行ったらこちらにまるで関心がなく（今思えば生後1ヵ月足らずだから当たり前なんですが）ショックを

受けたのですが、たまたま半年ぐらいお店にいたこれまた先代ウサギにそっくりな子がいて、家族がとても気にいってしまい、迷って迷ってその生後半年の子を迎え入れました。前の子のロスを引きずっていたのですが、無条件にこちらを頼って甘えてくる子に癒されて、立ち直ることができました。結果的に生まれ変わりではないけど、生後半年もお店にいたので、きっと先代の子が寂しくないように出会わせてくれたのかな？　と勝手に思っております。（茶うさ番長さん、ししまるちゃん・12歳半）

- まだ立ち直ってはいませんが、2匹飼っていたので、一緒に悲しんだり、お互い励ましあって立ち直ろうとしています。ウサギ同士が仲よしだったので、残されたウサギの体調も気がかりということもあり、思いきって休職に踏み切りました。SNSをよくやっていたので、みんなに励ましてもらったり、優しい言葉をかけてもらえたことも立ち直る助力になったと思います。本当に感謝しています。（まにゃんさん、ごんたちゃん・6歳）

- 2年ぐらいペットロスで、何をしても辛く泣いてばかりでした。ふとこれじゃいけないと思い始め、仕事を探し、外にも出るようになりました。友人に支えられていることに気づき、会って話したり、SNSを通じて話したりしているうちに立ち直っていました。（のゆきさん、ろでぃちゃん・8歳5ヵ月）

ウサギと名のつく植物

　ウサギのかわいらしい外見をイメージさせる植物には、「ウサギ」と名がついているものがあります。中には家庭で育てることができるものもあるので、小さなウサギたちをおうちに迎えるのも楽しそうですね。

ウサギゴケ

　南アフリカ原産。「苔」という名がついていますが、苔ではありません。まるでウサギの顔のような小さな花が咲きます。小さな耳がかわいいですが食虫植物で、根にいくつもある捕虫嚢（ほちゅうのう）という袋で、土中の微生物やプランクトンを捕って栄養にしています。キュートな花とはうらはらに、土中ではワイルドな営みをしているのですね。

〈花言葉〉夢でもあなたを想う

月兎耳

　「つきとじ」と読みます。マダガスカル原産の多肉植物。産毛に覆われた肉厚な葉がウサギの耳のようです。月兎耳の変異種には黒兎耳や月兎耳錦、黄金兎耳、姫月兎耳、星兎耳などいろいろなものがあり、別種に福兎耳などがあります。多肉のウサギたちを集めるのも楽しそうです。

〈花言葉〉おおらかな愛

ウサギノオ

　地中海原産のイネ科植物。ふわふわとした穂がまるでウサギの尾のようです。英語では「hare's-tail（hareはノウサギ）」「bunnytail」などの名があります。

〈花言葉〉弾む心、私を信じて、感謝

ウサギダケ

　ヤマブシタケというキノコの別名。食用になるキノコです。白い糸がたくさん垂れているような不思議な形をしています。そのふわふわした形状が、山伏の装束についている梵天（ポンポンのようなもの）に似ていることが名前の由来ですが、ウサギのように見えることからウサギダケとも呼ばれます。

ウサギギク

　本州中部から北の高山帯に咲くキク科の花。黄色い花をつけます。名前の由来は、葉の形がウサギの耳に似ていることからですが、花びらの先端がふたつに分かれているのがウサギの耳のようだから、ともいわれます。北海道にはオオウサギギク、エゾウサギギクが分布しています。

〈花言葉〉愛嬌

人とウサギとの 関わり

ウサギが飼育されるようになった歴史

ヨーロッパで始まった家畜化

　私たちが飼育しているウサギ（カイウサギ）はアナウサギ（ヨーロッパアナウサギ）が家畜化されたものです。2000年ほど前の古代ローマ時代に、原産地のイベリア半島からイタリアなどに連れてきたウサギを飼い、食用にしていました。その後、5世紀になるとフランスの僧院で家畜化されたといわれてきましたが、近年になってそうではないとする研究がされています。ウサギはもっと古くから継続的に家畜化されていて、中世になってヨーロッパ全体に広がったようです。そして16世紀になると品種改良が行われるようになり、大型化など野生のアナウサギとの骨格的な違いは18世紀になると見られるようになったとされています。

日本にやってきたカイウサギ

　日本にはもともとアナウサギは生息していませんでしたが、家畜化されたカイウサギが16世紀中頃の天文年間（1532〜1555）、南蛮貿易によってポルトガルから（オランダとも）もたらされたといわれています。桃山時代の「南蛮屏風」には、ケージに入った2匹のウサギ（アルビノと黒い柄のウサギ）が描かれています。

　当初は食用や毛皮用として持ち込まれたとされますが日本ではそうした目的で使われることはなく、愛玩用として飼われるようになったようです。

　江戸時代にカイウサギが飼育されていた様子を示す資料は多くはありませんが、円山応挙などの日本画家がカイウサギを描いています。応挙の絵には茶色のウサギやア

歌川広重 ▶
「月下木賊に兎」
出典：ColBase
（https://colbase.
nich.go.jp/）

◀「高山寺蔵鳥羽僧
正鳥獣戯画」より
出典：国立国会図書館
デジタルコレクション

円山応挙 ▶
「応挙名画譜」より
出典：国立国会図書館
デジタルコレクション

ルビノのウサギ、また、今でいうダッチ柄の
ウサギも描かれています。また、葛飾北斎
門人だった柳々居辰斎は、アルビノのカイ
ウサギがケージで飼われている様子を描い
ています。

　元禄時代に本草学者の人見必大が著
した『本朝食鑑』には、位の高い家では皆
がアルビノのウサギを飼育していて、蔬菜
(野菜などの栽培食物)を食べてよく慣れると書
かれています。

ます。ウサギ1匹につき毎月1円(2万円ほど)
の税金や、無届け飼育には過怠金の支払
いが求められるようになったのです。のちには
無届け飼育していたすべての期間の税金が
追徴されるといった厳しいものになりました。

　こうしたことから、ウサギを飼育していた
人々はウサギを殺したり、川に流す、捨て
るなどの悲惨な状況となり、ウサギバブルは
終焉を迎えます。ウサギ税は明治12年
(1879年)に廃止となりました。

明治初期のウサギバブル

　明治時代に入って海外との貿易が盛ん
になると、まだ知られていなかったさまざまな
ウサギが日本にやってきます。ロップイヤーや
ブロークン柄のウサギ、大型のウサギなど
です。ウサギは投機目的で高値で売買さ
れるようになり、のちに「ウサギバブル」と呼
ばれる時期が明治初期にやってきました。
価格は高騰する一方で、傷害事件まで起
こるようになったため、東京府(現在の東京
都)ではウサギの飼育に税金をかけるいわゆ
る「ウサギ税」を明治6年(1873年)に導入し

家畜としてのウサギ

　そののちウサギは家畜化されるようになっ
ていきます。現在見ることのできるものとして
は、明治20年代になって食肉用や毛皮用
としてのウサギの飼育を推奨する書籍類が
発行されています。またウサギの繁殖を目
的とする会社が全国で作られているようで
す。殖産興業という当時の政策のもと、ウ
サギ飼育も広がっていったのです。この頃
に創刊している「大日本養兎改良義会」の
会誌にはウサギ肉や毛皮の売買の広告が
掲載されています。

　日清戦争、日露戦争、第一次世界大
戦と続く戦争の時代になると、軍需用として
ウサギ肉や毛皮は重宝されます。大正時
代末から昭和初期にかけては、アンゴラの
飼育ブームが到来します。副業としてアンゴ
ラを飼うことがブームとなり、のちにアンゴラ
狂乱時代などとも呼ばれています。一方で
は、質のよい日本アンゴラ種が作出され、
日本は世界屈指のアンゴラ生産国となり、
戦後まで続きました。

▼臼兎牙彫根付(江戸時代)
出典：ColBase (https://
colbase.nich.go.jp/)

耳長兎水滴(江戸時代)▶
出典：ColBase (https://
colbase.nich.go.jp/)

人が利用しているウサギ

産業動物としてのウサギ

ウサギは現在でも食肉用として利用されており、もともとそのために家畜化が進んでいたヨーロッパではウサギ肉はポピュラーな食材ですし、カイウサギもノウサギも食用に供されています。低脂肪、高タンパクと栄養価に優れていることからウサギ肉は世界的にも広く利用されています。

日本ではもともとノウサギを食べる習慣がありました。古来、獣肉を食べることは禁忌とされていましたが、「ウサギは獣ではなく鳥である」として食べられ、そのために「1羽、2羽」と鳥のように数えられていたともされています。南蛮貿易でカイウサギが到来したときの目的は食用などだったとされていますが、普及することはありませんでした。

明治時代半ばにはカイウサギのウサギ肉

を食べることも広がり、この頃から第二次世界大戦の頃までに発行されているウサギの飼育書には必ずといってよいほど「料理法」が載っています。戦時中などの食料が手に入りにくい時代の貴重なタンパク源でした。

牛肉や豚肉、鶏肉が手に入りやすい現在では、一般的には日常的にウサギ肉を食べる習慣はほぼなくなっていますが、地方の伝統食としては残っています。

秋田県大仙市中仙地域で育てられている「中仙ジャンボうさぎ（日本白色種秋田改良種）」は、毎年行われている「全国ジャンボうさぎフェスティバル」でも知られていますが、この品種は食用の大型ウサギです。ウサギ肉の鍋は日の丸鍋（白い被毛に赤い目をしていることが由来）と呼ばれています。令和3年度には文化庁が歴史ある食文化を認定する「100年フード」の「近代の100年フード部門」として「ジャンボうさぎ料理」が認定を受

経済動物や触れ合い動物など、ウサギはさまざまな場面で人のために利用されています。

けています。

　動物が実験に用いられていた歴史は紀元前にまでさかのぼりますが、科学が飛躍的に進歩する19世紀になるとその数は増えていきました。

　日本で実験動物としてウサギが多く使われるようになったのは1950年頃のようですが、当初は食肉用や毛皮用として農家などが副業として飼っていたウサギが使われており、1950年代以降になって実験に用いることを目的としたウサギが作られるようになったようです。

　ウサギを用いた動物実験としては化粧品類の安全性を確かめるものがよく知られていますが、代替法の発達などによって動物実験に使われるウサギの頭数は年々、減少しています。平成21年（2009年）の実験動物飼育数調査では、ウサギは5万230頭となっています（日本実験動物学会「実験動物の使用状況に関する調査について」より）。平成31年度（2019年度）の販売数は3万3,381頭です（日本実験動物協会「実験動物の年間総販売数調査」より）。

学校で飼われているウサギ

　ウサギは学校の飼育動物としても飼われています。

　生活科の学習指導要領で「動物を飼ったり植物を育てたりする活動を通して、それらの育つ場所、変化や成長の様子に関心をもって働きかけることができ、それらは生命をもっていることや成長していることに気づくとともに、生き物への親しみをもち、大切にしよう

とする」と書かれているのが、学校での動物飼育の根拠です。2学年に渡って継続的な飼育栽培を行うようにすると記されています。理科、道徳でも動物の観察や自然愛護が取り上げられているほか、総合的な学習の時間として動物飼育を行う学校もあり、特別活動として飼育委員会があります。

　さかのぼると、学校では明治時代からウサギが飼われていました。明治時代、教育者の棚橋源太郎がアメリカで見た、家庭で子どもたちがウサギやニワトリを世話している様子から、仕事や自然研究への興味を持たせるために日本では学校で動物飼育をするのがよいと考え、理科教育についての講義で広めたことがきっかけではないかと考えられています。

　現代でも学校での動物飼育は、生き物への関心や思いやりの心をはぐくんだり、責任感を持つことを目的として行われています。

　しかし近年になって学校での動物飼育は

変化を見せています。魚や両生類、昆虫を飼う学校が増え、鳥や哺乳類を飼う学校は減少しています。休日の世話が大変なことや、アレルギーや共通感染症などへの懸念、また鳥については鳥インフルエンザの心配などがあります。

学校でのウサギ飼育には、休日の飼育管理が手薄になる心配や昨今の夏の猛暑での屋外飼育に問題はないのかということ、度重なる災害時の対応が適切に行われているかなど、心配する声も多くあがっています。教員の働き方改革が進むなど、学校内の環境も大きく変わってきています。

すでに地域の獣医師会との連携や保護者、近隣住民がボランティアとして関わるといった地域の支援が行われている学校もありますが、ウサギをはじめとした動物を学校で飼育するなら今後もそうした取り組みが進むことが必要となるでしょう。

なお、学校での動物飼育に当たっては、動物愛護管理法や家庭動物等飼養及び管理に関する基準（60ページ）などさまざまな法律を守る必要があります。

そのほかの人とウサギとの関わり

ウサギは「触れ合いを楽しむ動物」としてもよく利用されています。動物園の触れ合いコーナーではモルモットと並んで人気のある動物です。また、近年では「ウサギカフェ」という形態での触れ合いスポットもあり、年々その数も増えているようです。

こうした「触れ合い」施設では、適切な接し方をスタッフが教えたり、ウサギにストレスがかからない飼育管理、適切な休息時間などが求められています。動物園の中には、動物福祉に配慮してモルモットの触れ合いをやめたという施設もあるなど、「触れ合い」が動物にとってどのようなものなのかを考える必要もあるでしょう。

また、利用者が注意すべきこととして、ウサギからウサギへの感染症を人が媒介することがないようにしなくてはなりません。ウサギと接する前には手洗い、消毒を行うことや、「触れ合い」施設を一度に何軒も訪れる、いわゆる「はしご」も控えるべきでしょう。

ウサギが主役の絵本たち

◀『どんなにきみがすきだかあててごらん』
サム・マクブラットニィ 文
アニタ・ジェラーム 絵
小川仁央 訳
（評論社）

腕を伸ばしたり背伸びをしたり、どのくらい相手のことが好きかを比べあうデカウサギとチビウサギ。素直に好きだという気持ちを大切にしたくなる一冊です。

◀『しろいうさぎとくろいうさぎ』
ガース・ウィリアムズ 文・絵
まつおか きょうこ 訳
（福音館書店）

広い森に住む2匹の小さなうさぎ。黒いうさぎが考えこんでいたのにはわけがありました。いつまでも一緒にいたいと願う2匹の優しい愛のお話です。

大久野島のウサギから考える
カイウサギの幸せ

意図的に放たれた外来生物

　多くのウサギがいる「ウサギ島」として知られ、国内外からの観光客を集めている大久野島（広島県竹原市）は、瀬戸内海国立公園の中にあり、国民休暇村などの施設のほかには人の住んでいない、周囲4kmほどの小さな島です。

　この島に住み着いているウサギは、野生のウサギではありません。日本の野生下には生息していないアナウサギ（ヨーロッパアナウサギ）が家畜化されたカイウサギです。

　このウサギたちはいったいどこから来たのでしょう。1970年代、国民休暇村が観光資源にするために導入し、それが増殖した、というのが最も確からしい情報ですが、かつてあった小学校で飼われていたウサギが放されたともいわれています。島にやってきてウサギを捨てる人がおり、そうしたことも増殖に拍車をかけたようです。戦時中にこの島にあった毒ガス工場で実験やガス漏れを感知するために使われていたウサギが取り残されて増えたともいわれてきましたが、この説は確かではないようです。

　大久野島のウサギは数を増やし、多いときには900匹にもなっていたといいます（2021年にはコロナ禍の影響で500匹ほどに減ったとされる）。島内では餌の販売はしていないようですが、観光客が持ち込んだ食べ物を与えていることなどもあって、最初は数匹程度だったものが爆発的に増えていきました。

　しかし、ウサギ同士のなわばり争いによるケンカやカラスなどに攻撃される、不適当な食べ物を餌付けされる、観光客に追い掛け回されてケガをするといったトラブルが起きています。

日本にいるカイウサギは
飼育下にあるべきもの

　そもそもカイウサギは外来種で、本来、日本の野生下にいるはずの動物ではありません。人為的に移入されたカイウサギがピーク時には300個体以上いた石川県輪島市の七ツ島大島では、生態系への被害を抑えるために駆除などの対策を行い、2019年に根絶が発表されました。

　大久野島でウサギたちが暮らす姿はかわいらしく、観光客には癒やしになるのかもしれません。しかし大久野島のウサギは「野生のウサギ」ではなく、野生化したカイウサギです。「カイウサギは野生動物だ」という誤った認識の先には何があるでしょうか。ペットを捨てようとする人の中には「動物は野生にいるほうが幸せだから」という人たちもいます。遺棄へのハードルを低くしてしまう言い訳として懸念されます。

　日本にいるカイウサギは、日本にやってきたそのときから、あくまでも「人の飼育管理下にあるもの」として存在しています。テレビなどで大久野島のウサギたちの姿を見たときには、改めて、家族として迎えたカイウサギの幸せは、人とともにあることなのだと考えてほしいと思います。

情報収集を続けよう

さまざまな知見が積み重なることにより、ウサギの飼い方にも新たな風が吹き込んできます。以前はよく行われていた飼育方法が今でも行われなくなっている、ということもあったりします。情報収集を続けることはとても大切なことです。

 アンテナを立てておこう

たとえばこんな例があります。以前はよく、パイナップルジュースを飲ませることで毛球症に効果がある、といわれたりしました。パイナップルのもつタンパク質分解酵素が毛球をほぐす、というような理由からでしたが、今では「効果はない」とされています。この「毛球症」も、以前とは考え方が変わっています(200ページ参照)。

ウサギを診察する獣医師が増え、飼育用品やフードも増えているということから、ウサギについての研究も進んでいることが期待できますし、飼い主の皆さんもさまざまな工夫をしていくなかで、よりよいウサギの飼育管理方法が見出されるかもしれません。

書籍やインターネット、ウサギ専門店や獣医師が発信する情報もあります。ほかの動物の飼い方にヒントがあるかもしれませんし、海外の情報にも参考になる情報が多いでしょう。目新しい方法を取り入れるのが常に正しいとは限りませんから、受け取った情報を取捨選択することも必要ですが、情報収集することを続けるとよいと思います。

ウサギのイベントに行ってみよう

ウサギ関連のイベントも、情報収集するのにはうってつけです。ウサギ専門店や動物病院が行う講習会や勉強会などもあります。

日本最大規模のウサギイベントには、ウサギ専門店の老舗「うさぎのしっぽ」が主催する「うさフェスタ」があります。例年、年に2回横浜で開催され、ウサギ用品やフードを作る多くのメーカーの方と直接話ができたり、講演会などが行われることもあります。ウサギをモチーフにしたグッズを作る「うさぎ作家ブース」がたくさん出展されているのも楽しみです。

製品について詳しく知ることができるメーカーブース(2022年うさフェスタ秋にて。左：GEX、右：WOOLY)。

ウサギへの感謝を綴った感謝状を展示する「うさぎの感謝状展」。

参考資料

○ 赤田光男（1997）『ウサギの日本文化史』世界思想社

○「American Rabbit Breeders Association」〈https://arba.net/〉

○ R.T.Pivikほか（1986）「Sleep-Wakefulness Rhythms in the Rabbit」『Behavioral and Neural Biology』45(3)

○ アン・マクブライド、斎藤慎一郎訳（1998）『ウサギの不思議な生活』晶文社

○ 井上昌次郎（1988）『睡眠の不思議』講談社

○『うさぎの時間』誠文堂新光社

○ うさぎの時間編集部編（2012）『うさぎの心理がわかる本』誠文堂新光社

○ うさぎの時間編集部編（2018）『うちのうさぎの老いじたく』誠文堂新光社

○ ExoticPetVet.net「Rabbit Anatomy」〈http://www.exoticpetvet.net/smanimal/rabanatomy.html〉

○ Esther van Praag「Anatomy of the tongue in rabbits」、『MediRabbit.com』
〈http://www.medirabbit.com/EN/GI_diseases/Anatomy/Anatomy_tongue_en.htm〉

○ 大野瑞絵（2018）『新版よくわかるウサギの健康と病気』誠文堂新光社

○ 大野瑞絵（2019）『新版よくわかるウサギの食事と栄養』誠文堂新光社

○ 片岡啓（1985）「各種哺乳動物の乳成分組成の比較」、『岡山実験動物研究会報』3号

○ 川田伸一郎ほか（2018）「世界哺乳類標準和名目録」、『哺乳類科学』58巻（別冊）、
〈https://www.jstage.jst.go.jp/article/mammalianscience/58/Supplement/58_S1/_pdf/-char/ja〉

○ 川道武男（1994）『ウサギがはねてきた道』紀伊國屋書店

○ 川道武男、山田文雄（1996）「日本産ウサギ目の分類学的検討」『哺乳類科学』35(2)

○ Katherine Quesenberryほか（2020）『Ferrets, Rabbits, and Rodents: Clinical Medicine and Surgery 4th Edition』Saunders

○「The Bunny Lady」〈https://bunnylady.com/〉

○「The Rabbit Haven」〈https://therabbithaven.org/〉

○「San Diego House Rabbit Society」〈https://sandiegorabbits.org/〉

○ 鈴木哲也（2015）「特集1「学校飼育動物の生命尊重と指導」－戦前の学校飼育動物の授業利用の視点から探る―」、『動物飼育と教育』19号

○ 強矢治ほか（2004）「ウサギの臼歯不正咬合発症の危険因子に関する一考察」、『動物臨床医学』13(3,4)
〈https://www.jstage.jst.go.jp/article/dobutsurinshoigaku/13/3,4/13_3,4_99/_pdf/-char/ja〉

○ ZAWAW「5つの領域モデル」
〈https://zooanimalwelfare.amebaownd.com/pages/6902139/page_202304022111/〉

○ 芹川忠夫（2010）「実験動物の使用状況に関する調査について」、『実験動物ニュース』59(2)
〈https://jalas.jp/files/info/news/59-2.pdf〉

○ 田川雅代、小沼守、加藤郁（2016）『ウサギの疾病と治療　エキゾチック臨床vol.12』学窓社

○ 霍野晋吉監訳（2008）『ラビットメディスン』ファームプレス

○ Taylor W. Baileyほ　か（2021）「Recurring exposure to low humidity induces transcriptional and protein level changes in the vocal folds of rabbits」、『Scientific Reports』vol.11
〈https://www.nature.com/articles/s41598-021-03489-0〉

○「DisabledRabbits.com」〈http://www.disabledrabbits.com/〉

○ David A. Crossley、奥田綾子（1999）『げっ歯類とウサギの臨床歯科学』ファームプレス

○ D. M. Stoddart（1976）「Notes from the Mammal Society-No. 32」、『Journal of Zoology』179(2)

○ D.W.マクドナルド編、今泉吉典監修（1986）『動物大百科　第5巻』平凡社

O東京大学大学院農学生命科学研究科生物化学研究室「においの科学のウソ・ホント」
〈https://park.itc.u-tokyo.ac.jp/biological-chemistry/profile/essay/essay31.html〉

O東北大学「人なつこい家畜ウサギにおける脳の進化 大規模な脳内遺伝子発現の変化を解明(プレスリリース)」〈https://www.tohoku.ac.jp/japanese/2020/11/press20201105-02-rabbit.html〉

O日本実験動物協会生産対策委員会(2020)「実験動物の年間販売数調査」
〈https://www.nichidokyo.or.jp/pdf/production/h31-souhanbaisu.pdf〉

O信永利馬ほか編(1994)『小型動物の臨床』ソフトサイエンス社

O「How Well Do Dogs and Other Animals Hear?」
〈http://www.lsu.edu/deafness/HearingRange.html〉

O「House Rabbit Society」〈https://rabbit.org/〉

O林典子、田川雅代(2012)『ウサギの食事管理と栄養　エキゾチック臨床vol.6』学窓社

O林典子、田川雅代、小沼守(2014)『ウサギの診察と臨床検査　エキゾチック臨床vol.9』学窓社

OPeter Fullagarほか(1987)「The History and Structure of a Large Warren of the Rabbit, Oryctolagus cuniculus, at Canberra, A.C.T.」『Australian Wildlife Research』14(4)
〈https://www.researchgate.net/publication/363170291_The_History_and_Structure_of_a_Large_Warren_of_the_Rabbit_Oryctolagus_cuniculus_at_Canberra_ACT〉

O日高敏隆監修、川道武男編(1996)『日本動物大百科』平凡社

OPeter Popeskoほか(2003)『Colour Atlas of Anatomy of Small Laboratory Animals: Volume 1』Saunders

O「ペットの死を考える」(2019)『withPETs』2019年5月号、日本愛玩動物協会

O「Veterinary Partner」〈https://veterinarypartner.vin.com/〉

O「My House Rabbit」〈https://myhouserabbit.com/〉

O町田修(2010)『うさぎの品種大図鑑』誠文堂新光社

OMichel Gruazほか「Rabbit Megacolon Syndrome (RMS) remains poorly identified in checkered (spotted) rabbits」、『MediRabbit.com』
〈http://www.medirabbit.com/EN/GI_diseases/Mechanical_diseases/Megacolon_full_en.pdf〉

O三輪恭嗣監修(2022)『エキゾチック臨床シリーズ Vol.20 ウサギの診療』学窓社

O本好茂一監修(2001)『小動物の臨床栄養学』マーク・モーリス研究所

O山田文雄(2017)『ウサギ学』東京大学出版会

O山根義久監修(1999)『動物が出会う中毒』鳥取県動物臨床医学研究所

OUniversity of Nottingham「Hearing in rabbits」
〈https://www.nottingham.ac.uk/research/groups/hearingsciences/ear-facts/hearing-in-rabbits.aspx〉

ORaising-Rabbits.com「Dwarf Rabbits:Managing With the Dwarf Gene」
〈https://www.raising-rabbits.com/dwarf-rabbits.html〉

O「Rabbits' Distinct White Tails may Provide Evolutionary Advantage」NATURE WORLD NEWS、
〈https://www.natureworldnews.com/articles/3405/20130808/rabbits-distinct-white-tails-provide-evolutionary-advantage.htm〉

おわりに

ウサギは、飼ったことがあるないに関わらず、多くの人々が親近感をもつ動物です。見た目のかわいさが大きな理由ですが、実際にウサギと生活をしてみると、飼ってみないとわからないウサギのさまざまな表情に気がつくことと思います。「思っていたのと違った」にはポジティブな意味とネガティブな意味があって、ウサギにはすてきな「思っていたのと違った」がたくさんありますが、悩んだり苦労する「思っていたのと違った」に遭遇することもあるかもしれません。それが少しでもなくなって、予想をはるかに上回る幸せなウサギとの生活のために役立ってほしい、そんな想いで本書を作りました。

制作にあたっては、三輪恭嗣先生に第8章「ウサギの健康と病気」の監修をお願いしました。アンケートには多くの飼い主の皆さんからご回答をいただき、飼育の工夫やかわいい画像を寄せていただきました。アンケートでは応援のお言葉もたくさんいただき、とても励みになりました。メーカーやショップの皆さんにもご協力いただきました。皆さま方に心より感謝申し上げます。また、本ができるまでには多くのスタッフが関わっています。ありがとうございました。

本書が皆さまとウサギとの絆をますます深めるお役に立つことを願っています。

卯年の12月に
大野瑞絵

写真提供・取材協力

発刊にあたり、アンケートへの協力、写真提供、情報提供をしていただきました。心より感謝申し上げます。

つねかぁさん
キナちゃんのママ
ししゃもママ
玉
あいか
あーさん
あき
うさぎのうみちゃんねる
mioto
ともこ
あさま
ナチュメル
モカのかあちゃん
こてつ
ぱにこ
てとママ
あんこ
小枝
あじゅまる
げんまいとうるち
やまさんち
ランプ
ほたて
あかり
マナママ
ごえもん
なお

ふわたま
チモシー
ましろ
りんみお
ちろるママ
かりんママ
おくい
まさむねの下僕
レン
あずき
和也
さとう
いくら
mizuho
さや
ゆきち
もふもふ
えりんご
はねうさぎ
ほげまめ
かんな
ブルーベリー
Luna
ぺぷん
mayumi
まお
モカ

まーー
まろこけし
はち
donamac
ゴンチャロフ
野菜大好き
ゆきんこ
すもも
MOGU
いまい
黒うさ飼い
まりこ
なつちゃちゃ
ねね
うさぎのもふの母
ノロくうママ
なるみ
W.N
saori
渡邉由佳子
エリ
ゆきち
ゆりな
YUKI
ぶんてう
ぽんちゃんrabbit
カニ子

うちゃび
にこ
すすぎ
うさっち
あんよ
ひろん
くるみちゃんママ
さちこ
さわら
茶うさ番長
SALT
はち
ゆいまま
まにゃん
時緒
テトラ専属なで係
ちろ
ともんが
とら
まっこちゃ
wakou
ゆきちゃーーーん
まきぐも
さく
小林陽子
ゆ
のゆき

ゆみ
@bunny_omochi
うさぎのミミと暮らす人
ビワ
みーたろ
みほかつ
ay
あむぴょん
がぶちゃん
はるちゃんママ
まめたろう
ヨシオカ
花月
高橋希明
RAC
あおき
みえ
ゆきんこ
松田二三枝
ウサギアンケートに
　お答えいただいた
　多くの皆さま

順不同

写真及び図版提供・協力

鹿児島市平川動物公園
富山市ファミリーパーク
札幌市円山動物園
村川荘兵衛
一般社団法人全国ペット協会
ジェックス株式会社
株式会社川井
株式会社マルカン
OXBOW
株式会社三晃商会
株式会社リーフ
（Leaf Corporation）

株式会社ペティオ
株式会社チャーム
株式会社リッチェル
株式会社ドリテック
ドギーマンハヤシ株式会社
株式会社ALLFORONE
ココロのおうち
有限会社ウーリー
イースター株式会社
アペックス
株式会社FLF
有限会社BEBON

株式会社ペッツルート
有限会社メディマル
PLUS工房
株式会社ファンタジーワールド
株式会社ユニコム
ディアペット
yourmother合同会社
一般社団法人うさぎの環境
　エンリッチメント協会
株式会社評論社
株式会社福音館書店

順不同

症例写真提供	撮影協力・写真提供
❀三輪恭嗣 （日本エキゾチック動物医療センター院長）	❀うさぎのしっぽ

PROFILE

【著者】

大野 瑞絵　おおの・みずえ

　東京生まれ。動物ライター。「動物をちゃんと飼う、ちゃんと飼えば動物は幸せ。動物が幸せになってはじめて飼い主さんも幸せ」をモットーに活動中。著書に『新版よくわかるウサギの食事と栄養』『新版よくわかるウサギの健康と病気』『シマリス完全飼育』（以上誠文堂新光社）など多数。動物関連雑誌にも執筆。1級愛玩動物飼養管理士、ヒトと動物の関係学会会員、ペット栄養管理士、野菜ソムリエ。

【医療監修（8章）】

三輪 恭嗣　みわ・やすつぐ

　日本エキゾチック動物医療センター院長。宮崎大学獣医学科卒業後、東京大学附属動物医療センター（VMC）にて獣医外科医として研修。研修後アメリカ、ウィスコンシン大学とマイアミの専門病院でエキゾチック動物の獣医療を学ぶ。帰国後VMCでエキゾチック動物診療の責任者となる一方、2006年にみわエキゾチック動物病院（現・日本エキゾチック動物医療センター）開院。日本獣医エキゾチック動物学会会長。

【写真】

佐々木 浩之　ささき・ひろゆき

　動物写真家。観賞魚を実際に飼育し、状態良く仕上げた動きのある写真に定評がある。国内だけでなく、東南アジアなどの現地で実際に採集、撮影を行う。実践に基づいた飼育情報や生態写真を雑誌等で発表している。最近では全国の山に入り、湧水や苔の撮影がライフワークとなっている。著書に、『「苔ボトル」育てる楽しむ癒しのコケ図鑑』（コスミック出版）『メダカ飼育ノート』（誠文堂新光社）など多数。

【編集】

丸山 純　まるやま・じゅん

【デザイン／イラスト】

Imperfect

（竹口 太朗／平田 美咲）

PERFECT PET OWNER'S GUIDES

飼い方の基本から、コミュニケーション、栄養、健康管理と病気までわかる

ウサギ完全飼育

年 12 月 14 日　発　行　　　　　　　　　　　　NDC489

著　　　者　大野瑞絵
監　修　者　三輪恭嗣
発　行　者　小川雄一
発　行　所　株式会社 誠文堂新光社
　　　　　　〒113-0033 東京都文京区本郷 3-3-11
　　　　　　電話 03-5800-5780
　　　　　　https://www.seibundo-shinkosha.net/
印刷・製本　図書印刷 株式会社

©Mizue Ohno. 2023　　　　　　　　　　　　Printed in Japan

本書掲載記事の無断転用を禁じます。

落丁本・乱丁本の場合はお取り替えいたします。

本書の内容に関するお問い合わせは、小社ホームページのお問い合わせフォームをご利用いただくか、上記までお電話ください。

JCOPY <（一社）出版者著作権管理機構　委託出版物>
本書を無断で複製複写（コピー）することは、著作権法上での例外を除き、禁じられています。本書をコピーされる場合は、そのつど事前に、（一社）出版者著作権管理機構（電話 03-5244-5088 ／ FAX 03-5244-5089 ／e-mail：info@jcopy.or.jp）の許諾を得てください。

ISBN978-4-416-52339-1